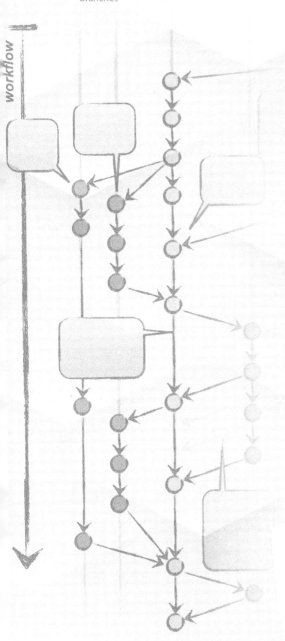

# 基于机器学习的工作流活动推荐

陈广智 李玲玲 著

人民邮电出版社

北京

## 图书在版编目（CIP）数据

基于机器学习的工作流活动推荐 / 陈广智，李玲玲
著. -- 北京：人民邮电出版社，2022.10
ISBN 978-7-115-59918-6

Ⅰ. ①基… Ⅱ. ①陈… ②李… Ⅲ. ①机器学习—研
究 Ⅳ. ①TP181

中国版本图书馆CIP数据核字(2022)第155939号

## 内 容 提 要

　　随着云计算、大数据等技术的快速发展，越来越多的组织用信息化手段进行流程管理。如何提升流程执行的智能化程度、动态性和柔性，以提高对非标准业务的管理效率，是流程管理面临的一个重要问题。

　　本书基于流程管理系统积累的日志信息，提出了 3 种流程管理的工作流活动推荐方法，分别为基于用户类别近邻的活动推荐方法、基于 Pearson 相关系数的活动推荐方法和基于协同过滤的活动推荐方法，并介绍了一种流程信息的可视化算法，实现了一个可视化原型系统。

　　本书结构清晰，文字流畅，图文并茂，适合从事流程管理系统研究的读者阅读，也适合作为高校相关专业师生的参考书。

◆ 著　　　　　陈广智　李玲玲
　　责任编辑　贾鸿飞
　　责任印制　王　郁　胡　南
◆ 人民邮电出版社出版发行　　北京市丰台区成寿寺路 11 号
　　邮编　100164　　电子邮件　315@ptpress.com.cn
　　网址　https://www.ptpress.com.cn
　　北京九州迅驰传媒文化有限公司印刷
◆ 开本：880×1230　1/32
　　印张：5.75　　　　　　　　　　2022 年 10 月第 1 版
　　字数：150 千字　　　　　　　　2022 年 10 月北京第 1 次印刷

定价：89.90 元
读者服务热线：(010)81055410　印装质量热线：(010)81055316
反盗版热线：(010)81055315
广告经营许可证：京东市监广登字 20170147 号

随着互联网应用的日益普及和信息化的快速发展，人们对服务的需求越来越多样化，对服务质量的要求越来越高，特别是对流程服务的要求越来越高。这就要求流程管理系统提供的流程服务在具有规范性的同时，也必须具有一定的灵活性。另外，经济的不断发展和各项政策法规的不断完善，使政府、企事业单位的业务不断变化，进而导致它们的流程管理系统产生一些非标准业务执行记录，这些记录违反预定义的业务模型。事实上，业务流程长期固定不变几乎是不可能的。非标准业务是流程管理系统设计前没有考虑到的情况，它们脱离了流程管理系统的管理，只能依靠人工管理。为避免这种情况的发生，一种方法是重新设计流程管理系统，将这些非标准业务考虑进来。但是，事先完全掌控流程是不可能的，非标准业务总会出现。

另外，传统流程管理系统面对的是强流程领域，传统信息管理系统面对的是纯信息的管理，在这二者之间的中间地带存在着这样的应用需求：这类业务流程具有很强的可变性和柔性，它不仅需要一定的流程管理，也需要相关的信息管理，待相关的信息明确后业务流程的下一步才能被动态确定。近年来，流程管理研究领域将一些信息融合进来以使流程管理动态化和自适应，信息管理研究领域将一些流程信息融合进来以解放人工就反映了这种需求的存在。与此同时，推荐系统研究领域异常活跃，其中的推荐思想和技术为本书活动推荐提供了理论支持和实践基础。

　　为解决上述应用领域中非标准业务出现带来的一些问题，避免流程管理方面过多的人工活动，增强流程管理系统的流程执行智能化、动态性和柔性，本书提出了几种工作流活动推荐方法。这些方法利用流程管理系统积累下来的业务流程执行日志，向当前正在执行的业务流程推荐其下一项可能执行的活动。业务流程执行日志既包含正常业务执行日志，也包含非标准业务的执行日志。随着业务流程管理系统的长期执行，非标准业务执行日志的数量就越积越多，推荐方法的效果也就越来越好。先前靠人工建立的非标准业务执行信息得以重用，避免了后来的非标准业务执行的人工管理。

　　具体来说，本书主要包括以下内容。

　　（1）提出了基于用户类别近邻的活动推荐算法。该算法分为离线计算和在线推荐两部分，离线计算部分计算业务执行日志中的最终用户的类别相似性；在线推荐部分利用业务执行日志信息，计算与当前执行业务用户类别近邻的那些完整的业务执行日志，然后再利用这些用户类别近邻的日志计算出推荐列表。该算法的重点是用户类别相似性的计算和活动序列的匹配。

　　（2）将推荐系统领域中用来度量用户相似性的 Pearson 相关系数引入活动推荐中来，提出了基于 Pearson 相关系数的活动推荐算法。由于每个工作流实例是一个活动名称的序列，它们不能直接参与数值运算，所以，本算法先将序列中每个活动出现的顺序以数值的形式提取出来，列成矩阵，类似于推荐系统中的 User-Item 矩阵，以便计算实例间的相似性。

（3）在基于 Pearson 相关系数的活动推荐算法的基础上，提出基于协同过滤的活动推荐算法。该方法假定每个工作流实例都关联一个最终用户，同一个用户可以关联多个不同的实例。该算法采用特定方法由实例库构造出一个用户对实例的打分矩阵。在该矩阵的基础上，利用协同过滤的方法对矩阵中的未知值进行填充，最后，利用填充后的矩阵向当前不完整实例推荐下一项可能的活动。

（4）为给本书提出的活动推荐算法提供一个可视化平台，并便于底层推荐算法对流程信息操作处理，我们设计了一种用来表示业务流程信息的 XML 格式，并提出了相应的可视化算法，实现了一个可视化原型系统。

为检验上述方法，我们构造了相应的仿真数据集。实验结果和相应的对比分析表明，本书提出的推荐算法是有效的和可行的。工作流活动推荐的关键是实例间相似度的计算，我们从理论方面拓展了相似度的计算方法。这些推荐算法在实践中有利于增强流程管理系统随机应变的能力，提高最终用户的满意度。

CONTENTS 目录

第1章 引言

第2章 背景知识

# 基于用户类别近邻的活动推荐算法

# 基于Pearson相关系数的活动推荐算法

# 基于协同过滤的活动推荐算法

# 第6章 流程信息的XML表示方法及其可视化

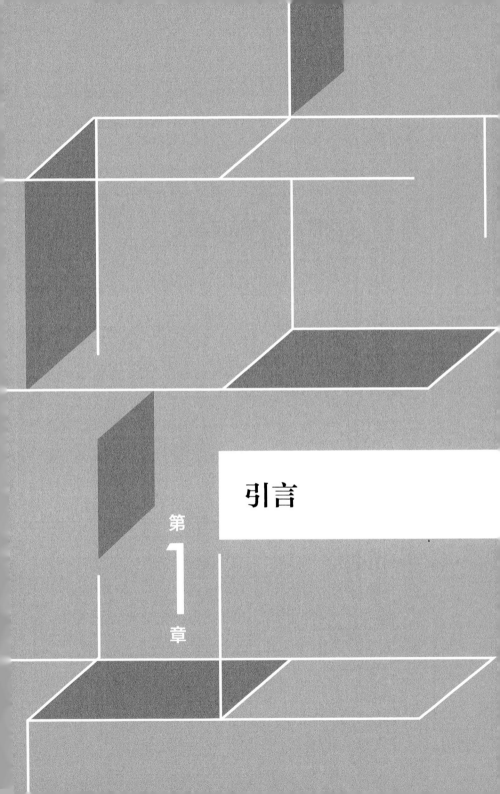

第
1
章

引言

活动推荐具有很广泛的应用，借鉴和移植推荐系统研究领域的思想或技术到活动推荐中，是很有趣的研究。本章主要介绍活动推荐研究的背景、问题和意义，以及主要内容。

# 1.1 研究背景、问题及意义

## 1.1.1 背景介绍

随着信息化的日益普及和互联网技术的快速发展，为方便公司内部各部门协调工作和共享信息，整合公司内部各个业务处理系统的企业系统（enterprise systems，ES）[1, 2]被开发出来，用来支持公司各个阶段的操作。为拥有和保持竞争优势，提高运转效率，改进决策，许多组织都在部署和使用ES系统[3-5]。ES系统整合了各个业务流程（business processes）以支持企业的发展战略。另外，用于公司与外部组织业务交往的一些系统也会涉及业务流程。所谓业务流程，就是由一个或多个办事步骤（活动）构成的集合，这些步骤的执行顺序遵循预先定义的规则，通常执行完毕后会实现商业目标或战略目标[6]。

以上系统中工作流技术处于核心地位[7, 8]。从技术方面讲，采用工作流技术的系统被称为工作流管理系统（workflow management system，WfMS ）。WfMS 是一种企业信息系统，通过计算机系统自动地将各项工作分配给资源——人或者应用系统，并且确保各项工作遵循预先定义的流程模型。工作流技术[9-12]应用的领域越来越多，如汽车制造领域[13]、电子商务领域[14]、医疗领域[15, 16]、电子政务领域[17]等，其在提高组织的运转效率方面发挥了巨大作用，并有效地增强了组织竞争力。

公司业务流程中有一类是已确定并保持长期稳定的，是公司开展业务、提高竞争力的一套准则或标准，也是公司宝贵经验的积累。这类业务流程的特征是具有长期的稳定性，可以作为标准确定下来以指导相关业务的开展。我们称这类流程为**强流程**。自商业WfMS 在 20 世纪 80 年代中期出现以来[18]，强流程管理系统在工业方面的应用仍在增加[19]。一家统计公司推算其在市场上的应用规模在 2018 年已达到 70 亿美元。在学术研究方面，强流程也得到了极大的关注，关于它及相关主题的专著、手册、期刊论文和会议论文大量出现[12, 20-22]，可以说关于强流程方面的研究已经很成熟。

还有一类流程，它们本身变动非常频繁，具有多样性、跳跃性的特点，不容易利用建模的方式将它们捕捉出来。它们与强流程是对应的，我们称之为**弱流程**。弱流程的执行会带来**非标准业务**[1]。造成弱流程的原因多种多样，如竞争环境激烈、相关政策的调整、机

---

[1] 非标准业务指的是未按照预先设定好的业务模型执行的业务，与它对应的是标准业务（正常业务）。它虽然能和标准业务达到相同的目标，却更改了原有的办事步骤和资源间的依赖关系。非标准业务和标准业务都是面向用户的术语，在技术层面上，我们分别称它们为异常实例和正常实例。后续章节中会讨论实例的概念。

构自身条件的改变等。弱流程的出现方式：

（1）机构相关人员了解某流程很好，且在未来有得以实现的可能，但由于现有条件的限制无法实施；

（2）流程本身是存在的，但机构相关人员不知道它们的存在，这类流程的管理依靠人工；

（3）本来是强流程，但随机构的发展，转化成了弱流程。

弱流程的出现要求流程管理系统必须更加灵活，以支持机构快速调整业务流程，从而适应已改变的环境。图1-1所示为流程灵活性与其得到的流程管理系统的支持之间的关系。从图1-1中可以看出，流程越灵活，也就越靠近弱流程，其所得到的流程管理系统的支持就越少。

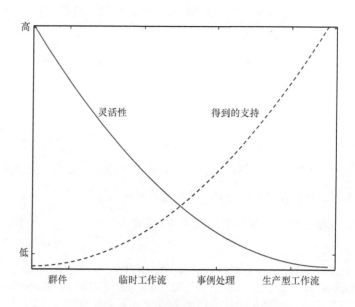

图1-1  流程灵活性与流程管理得到的支持之间的关系[23]

　　为进一步增强感性认识，接下来讨论流程变动的几种情况，并指出它们是属于强流程还是弱流程。

　　（1）变动后会保持长期的稳定性，记为 $C_{bp1}$，变动后的流程属于强流程。这种变动可用重新建模的方法解决，通常的 WfMS 都带有建模工具，用于辅助模型的建立。属于这种变动类型的流程通常带有强流程性、可重复性及可变性[24]。强流程性是指业务流程的执行有先后顺序，个人不能随便更改，某些还有法律依据；可重复性体现在业务流程的实际执行中，即同一个业务可在不同的时间、不同的最终用户参与下多次重复地办理，例如，某种证书的申请业务，多则一天上千个申请，少则也有几百个；可变性是指虽然系统的业务流程相对固定，但在政策、制度或部门职能发生改变的前提下，这些业务流程也可能发生一些变动。可重复性的业务具有较高的自动化程度，有一套统一的标准和规范。

　　（2）模型能保持相对的稳定性，但总会出现违反模型的"特例"，或者称之为异常实例[25]。这种流程变动情况记为 $C_{bp2}$，发生变动的流程属于弱流程。Claus Hagen 等人[25]提出了一种描述非标准业务处理的方法，使得建模时将一些非标准情况描述出来，从而增强 WfMS 系统的灵活性。上述方法虽在一定程度上减少了非标准业务的出现，但在某些情况下，非标准情况是无法预先知道的。针对非标准业务建模前无论如何都无法考虑周全的问题，自适应流程管理（adaptive process management）[26, 27]技术被提出来用于处理非标准业务和支持业务流程的演化。例如，ProCycle[28, 29]和 CAKE2[27]都支持用户重用先前积累的模型来处理当前的非标准业务。而本书提出的方法与它们不同，是通过日志库信息来指导和建议当前用户处理非标准业务的。并且ProCycle和CAKE2采用基于案例推理（case-based reasoning）的方式重用先前的模型信息，因此它们每次处理使用的是一次模型的经验，推荐出的下一项活动是单一的，没有选择的；而本书所用的方法推荐出来的下一项活动是多个可能性的列表，含每项活动的频率信息，并且采用了多个标准业务和非标准业务的信息。

（3）不存在模型，存在的仅仅是变化不定的实例，每个实例中的活动间存在隐性相关性约束，此种变动情况记为$C_{bp3}$。处在这种变动下的流程属于弱流程。

举一个$C_{bp2}$的例子。电子政务是信息化在政府部门的运用，辅助政府各项事务的运转。政府处理的各项事务，例如项目审批、营业证发放等，都会牵涉到政府的多个部门，均有着特定的步骤、办事程序，因此电子政务是工作流技术应用的主要领域之一。对某项政府事务来说，通常会存在一个业务模型，大部分业务实例都会遵从该模型，但由于新条件的出现，在后来未知的时间点总会出现一些业务实例，会违反预定的业务模型，让人按照另外一个不同的办事程序完成该业务实例。对某个业务模型来说，我们将遵从该模型的业务实例称为**正常实例**，将违反该模型的业务实例称为**异常实例**。从电子政务领域非标准业务出现的不可预知性可知，掌控全部流程信息很困难。

再举一个$C_{bp3}$的例子：电子商务网站的浏览行为。在某个商务网站上，可以将用户在进入该网站至退出期间产生的点击行为看作一个业务实例。这样的业务实例事先不遵从任何业务模型，用户每一次点击行为具有极大的不确定性。但在某些点击行为之间可能存在着特定的相关性，例如，如果用户点击了《Java编程思想》这本书的购买链接，那么他极有可能点击购买其他相关的Java图书。

从理论上来讲，机构的信息化建设存在两种"极端"方式：一是采用管理信息系统[2]（management information systems，MIS），二是采用传统的WfMS。前者完全不管理流程，后者虽管理业务流程，但管理的流程属于强流程。MIS在帮助机构高效管理和使用信息方面发挥了积极的作用，但其不进行任何业务流程方面的管理和监控，在促进机构业务高效运行方面存在短板。使用MIS的机构通常也会存在相应的业务流程，这些业务流程的管理和执行主要依靠人工，MIS在数据信息方面给这些业务流程提供支持。传统WfMS在业务流程长期保持不变的场合能够使用，但这样的场合少之又少。正如前文所述，存在多种因素会导致机构的业务流程发生改变，并且在当前变化快速的市场环境和技术趋势下这种改变频率会一直增大。因此，上述两种系统的过渡地带就存在着这样的应用需求：需要管理流程，但这些流程都是弱流程。这类应用需求若采用传统管理强流程的方法管理，就会陷入"流程变动"的泥潭里。

---

[2] 这里所指的是狭义的管理信息系统。实际上，现在的管理信息系统也在往流程管理方面靠近，以利于企业管理其所有的信息，较好地做出决策。管理信息系统和工作流管理系统有进一步融合的趋势。

弱流程的变动导致了过多的人工消耗。这主要表现在如下两个方面。

（1）为解决流程变动，机构可能使用重新建模的方法覆盖流程出现的新情况。但由于流程变动不可预期，所以重新建模的次数也不可预期。每一次重新建模所消耗的人力成本和时间成本是惊人的。

（2）当流程变动出现时，原有的流程管理系统失效，这时依靠人工管理流程以保证业务的正常运转。这种人力成本的消耗也很大。

综上，**如何减少甚至避免弱流程的变动带来过多的人力成本的消耗，如何在弱流程执行过程中给用户更多的支持和指导，是本书主要介绍的内容**。采用智能化技术动态、自适应地解决流程变动带来的问题，是工作流技术发展的必然趋势[30]。

需要注意的是，流程管理系统运转过程中会保存流程执行日志。这些流程执行日志分两种类型：一种是按照系统预先设计的模型正常执行得到的，即是正常实例的日志，它们的执行得到了系统的支持；另一种违反预先设计的模型，即是异常实例的日志，它们靠人工管理得以执行完毕，最终执行的全过程也会以日志的形式被记录下来。

这些由系统记录下来的业务执行日志对未来的业务执行具有重

要的指导意义。关于执行日志的使用，先前的工作[20]从这些日志中学习出一个模型来，但学习出来的模型本身代表了一种新的强流程，对从根本上解决弱流程的问题意义不大。

若能利用这些历史实例信息向当前正在执行的不完整实例进行下一项可能执行活动的推荐，对电子政务系统来说，将会弥补业务模型表达力的不足，避免非标准办理过程中过多的人工干预；对电子商务网站来说，将会辅助用户快速找到自己需要购买的商品，既可简化用户的购买过程，节省用户的购买时间，又可促进商务网站的商品销售。

接下来进一步阐述推荐在工作流实例执行中的重要性。图1-2描述了一个旅游业务的工作流模型。对新的订单来说，有三项工作要做：订航班、租自驾车和预订酒店。在流程执行过程中情况多种多样，模型不可能指定具体是哪一辆车，最好是根据顾客的收入、爱好、习惯等情况推荐一辆较适合的车，也就是说，根据执行过程中遇到的具体用户，匹配到底哪一辆车出租。同理，预订酒店时若能根据顾客所喜欢的房间风格、房间价格等情况向其推荐合适的酒店，就更能提高顾客的满意度。上述根据顾客的个性化需求做出的推荐，能使顾客和企业达到共赢的和谐局面。

推荐系统[31-35]这些年来是一个研究热点，并在音乐[36]、电影[37]、图书[38]、购物、社交网络等[39, 40]方面已经得到了应用，表1-1给出了一些推荐系统及它们各自所推荐的产品。另外，推荐技术已在需求工程[41-43]、代码编写[44-47]、软件工程[48, 49]等领域得到了研究和应用，我们可以借鉴推荐系统研究中的相关推荐技术，将它们用于工作流活动推荐，从而能够使 WfMS 自适应地将 $C_{bp2}$ 和 $C_{bp3}$ 考虑进来，增强工作流系统与时俱进的能力，促进相关业务实例高效地开展。这是一个有趣且有意义的研究。

采用推荐的方法向用户下一个可能的步骤提供指导和建议所带来的一个显著的好处是，充分利用了原有的执行日志信息，特别是依靠人工管理的非标准业务部分，避免或减少了未来业务执行中的人工流程管理。本书的写作动机及问题解决思路如图 1-3 所示。

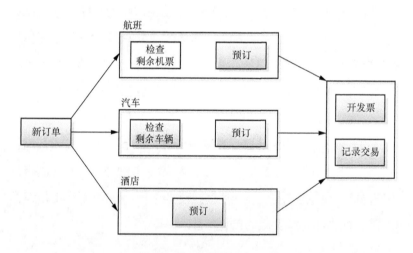

图1-2　一个旅游业务的工作流模型（改编自文献[25]）

表1-1 实际推荐系统及它们推荐的产品（改编自文献[31]）

| 推荐系统 | 推荐的产品 |
|---|---|
| Amazon | 图书及其他产品 |
| Netflix | DVD及流媒体视频 |
| Jester | 笑话 |
| GroupLens | 新闻 |
| MovieLens | 电影 |
| Google News | 新闻 |
| Google Search | 广告 |
| Facebook | 朋友、广告 |
| Pandora | 音乐 |
| YouTube | 在线视频 |
| Tripadvisor | 旅游产品 |
| IMDb | 电影 |

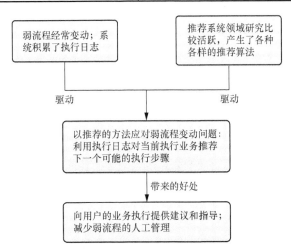

图1-3 本书写作动机及解决问题的思路

# 1.1.2 问题介绍

个性化推荐要成功应用于工作流活动中，必须具备如下两个条件。

（1）业务流程经常变动。如果模型固定，那就无须推荐，直接按照预先规定的流程执行即可。

（2）用户事先不知道如何办理业务。此类情况在实际生活中经常遇到，有的仅仅知道一个大概的方向，但真正如何执行还是需要系统推荐。

本书涉及的相关研究还是基于上述两个假设开展。

这里粗略地讲解一下本书的研究问题。

图1-4所示的工作流实例库（workflow instance repository）是系统自身积累并记录的历史业务实例信息；不完整工作流实例（partial workflow instance）是当前正在处理的业务实例，该实例还没有到达结束状态，并且其有一个参与人，我们称之为用户，例如，一个正在向某政府部门申请项目的人或者一个正在浏览商务网站的人。参与不完整工作流实例的人不止一个，图1-4中只显示了一个参与人，这个参与人我们称之为最终用户（end user），业务实例执行中的其他用户所执行的活动要服务于最终用户。工作流活动推荐模

块（workflow activity recommendation）利用实例库信息和不完整实例信息向用户推荐其应当执行的下一项活动，从而使不完整实例执行过的活动数量增加一个，这样持续下去，直到该不完整实例进入结束状态，变成一个完整实例。这个完整实例被系统记录下来，放入到工作流实例库中。

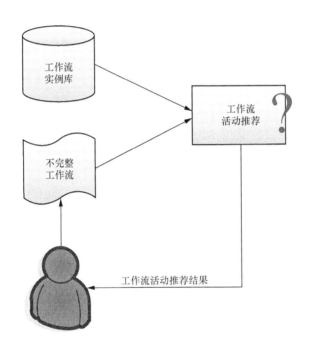

**图1-4　工作流活动推荐框架，红色问号所示为本书的主要研究问题**

图1-4所示的推荐模块是本书重点研究的问题，即采用什么样的推荐方法才能取得较好的推荐效果，这在后面各个章节中会详细阐述。一个完整工作流实例首先必须含有活动的执行序列信息，在具

体的推荐算法研究中，我们还会分别对其加上角色和用户信息，以使其更加接近实际场景。

# 1.1.3　研究意义

本书的内容具有很强的应用背景，从大的方面来说，至少具有以下意义。

（1）工作流活动推荐能弥补原模型表达力的不足，增强系统融合新业务实例信息的能力，自适应地将流程变动情况考虑进来，避免模型的再设计。当然，系统最初遇到非标准业务时，还是需要通过人工干预使该业务顺利执行，同时将该业务信息存入日志库。随着日志库中非标准业务积累的增多，推荐模块吸收的新信息也在增加，再处理未完成非标准业务时，推荐模块的推荐结果就会越来越准确，所需要的人工干预就越来越少。

（2）工作流活动推荐使人工对系统的干预尽量降到最低，使系统的自动化程度越来越高。部署和使用工作流管理系统的目的之一就是增加计算机自动化处理的比重；采用推荐技术既避免了工作流模型的再设计，又逐渐减少了处理非标准业务过程中的人工干预，而这种干预来源于非最终用户。这样就做到了"能用计算机做的事情，就用计算机做"，使相关人员从一些烦琐的工作中解放出来，专注于其他更重要的事情。

（3）工作流活动的推荐是个性化的推荐，能更好更精准地满足最终用户的需求。采用推荐的方法指导用户进行下一项活动，从而使得系统变得更加柔性。但是在绝大多数情况下，事先确定出所有可能的业务流程走向是不可能的，总会出现非标准业务。利用包含正常实例和异常实例的日志库，向当前未完成的非标准业务推荐下一项可能活动，原有的模型信息没有丢失，新的信息又融合了进来，同时给予最终用户选择的权利，这样更能够满足用户的需求，且能激发用户潜在的需求。

（4）工作流活动推荐的研究，对工作流建模领域的 Task 推荐也具有相当重要的借鉴意义。模型建模过程中的推荐研究对本书内容有一定的启发意义，同样本书内容对模型建模推荐方面也有一定的借鉴意义。例如，文献[50]提出的推荐方法既可用于建模时模型 Task 的推荐，也可用于工作流活动的推荐。文献[51]在模型 Task 推荐方面与文献[50]的工作做了对比，而本书第4章中在工作流活动推荐方面也与文献[50]的工作做了对比。

将推荐系统研究领域里的有关推荐思想、推荐技术应用于 WfMS 中，对推荐系统和工作流管理系统都有好处。对推荐系统来说，拓展了其应用领域；对工作流管理系统来说，增强了自身的能力，从而能促进对二者研究的交叉融合。综上所述，研究工作流活动推荐不仅具有理论意义，而且具有很强的实践意义。

# 1.2 国内外研究现状

## 1.2.1 推荐在工作流系统中的应用

遵照工作流领域[11]的术语规范，本书将模型中某项业务的最小逻辑执行单元称为任务（Task）；将某项正在运行的业务中已经执行过的任务、满足条件可以执行的任务、当前正在执行的任务统称为活动（activity）。这些内容将在第2章中详细讲解。

为更好地描述各种不同类型的推荐工作，本书总结出了各种不同的推荐类型（recommendation type，RecType），参见表1-2。推荐不是凭空进行的，必须依据一定量的历史信息，这些信息可以是大量的执行过的工作流实例，也可以是建模人员积累的大量模型信息，表1-2中第1列指出了推荐类型所依据的是何种信息。推荐可以是对当前不完整的工作流实例进行的下一项可能执行活动的推荐，也可以是对当前建模模型的下一个可能的Task的推荐。表1-2中第2列指出了推荐类型做的是何种推荐，第3列内容为对各种推荐类型进行标记。

表1-2　推荐应用于工作流系统中的各种类型

| 依据的信息 | 推荐级别 | 记为 |
|---|---|---|
| 实例 | 实例 | RecType I |
| 实例 | 模型 | RecType II |
| 模型 | 模型 | RecType III |

　　一个WfMS经过一段时间的运行，会积累一定数量的工作流模型，这些模型既包含当前正在使用的，也包含过去曾经使用但现在不再使用的模型，它们共同构成了工作流模型库。当模型设计者在设计一个新模型时，可将当前不完整模型与模型库中模型进行相似性匹配，向模型设计者推荐其可能建模的下一个Task，从而辅助模型设计者快速地建模。

　　Agnes Koschmider等人[52]利用元数据信息筛选出与当前模型块相似的业务模型或业务模型块，供模型设计者选用。他们方法的推荐粒度比较大，不完全是一次推荐一个活动，推荐出的可能是Task或Task组合，其推荐类型为RecType III，以辅助业务模型建模。文献[51, 53]先利用图挖掘的方法从模型库中找出子图在整个库中出现的频率，从而建立一个模式表；然后用最小DFS（depth-first search，深度优先搜索）编码[54]将模式表中图结构表示的模型转化成字符串，接着用字符串匹配的方法向当前不完整模型推荐其下一个可能的Task，辅助模型设计者建模。这种仍然是模型级别上的推荐，推荐类型为RecType III。

在面向服务的计算（service oriented computing）领域，Web服务的发现及组合优化可以看作是工作流模型的构建；每个具体的Web服务确定后，就构成了一个由多个Web服务组成的Web应用，Web应用的每次具体执行可看作是工作流实例在执行。Web应用是工作流系统的特例，其中的活动自动化程度较高，几乎不需人工干预。在构造Web应用时，要得到更好的Web服务，以达到更优的Web组合和应用，就需要使用推荐技术。

文献[55]将语义信息加入到Web服务的描述中，利用语义匹配的方法找出与当前用户需求相符合的Web服务——候选Web服务列表；用户选择符合的Web服务后，还要求用户对该服务打分；有了打分数据后就形成了用户对Web服务的打分矩阵，在后来的推荐中使用基于物品的协同过滤算法（item-based collaborative filtering）[56]向用户推荐Web服务。该方法没有考虑Web服务间的执行顺序信息，仅仅是在局部情景下对用户当前的需求做出反应。本书的推荐方法考虑了活动间的执行顺序信息，未考虑活动名称间的语义匹配信息，但这可能成为我们未来的工作方向。本书第5章介绍的协同过滤所基于的打分矩阵与文献[55]中的产生过程不同，是根据用户执行过的实例活动序列信息与库中其他实例的序列信息进行比较分析自动生成的，反映的是用户对一个完整实例的偏好程度，而不是对一个活动的偏好程度。另外一区别在于，文献[55]推荐时所依据的语义描述是预先确定的，而本书第5章的推荐方法依据的实例库是事先不确定的。

文献[50]提出的推荐方法，其应用场景是服务组合领域[57]。该文献讨论了如何更好地利用历史服务组合例子来帮助构建当前的服务组合，利用离线创建的模式表向当前不完整的服务组合推荐下一个较合适的服务，是服务组合模型级别上的推荐，其推荐类型为RecType Ⅲ。抛开上述应用场景，该推荐方法同样可以应用于本书的推荐场景——RecType Ⅰ。因为该文献中的实例库的实例既不包含角色信息，也不包含用户信息，所以在本书第4章中，我们将与文献[50]的推荐方法通过实验对比进行分析。

科学工作流系统[58-60]领域讨论了如何根据工作流执行实例库向用户推荐和帮助用户发现他们需要的、有用的工作流组件（workflow component）。此方法的缺点是，某个工作流组件的推荐是根据上游直接相邻的一个结点，例如，如果$a$和$b$具有很强的相关性，即$a \to b$，那么当执行$a$后，$b$就会被向用户推荐。当不直接相邻的上游结点存在强相关性时，这个推荐方法的结果就不准确。David Koop等人[61]提出了一种更复杂的方法，先利用实例库信息确定所有可能的线性不间断活动序列，为每个序列计算置信分（confidence score），向当前不完整的实例$\check{e}$推荐时，从$\check{e}$中找出置信分最大的那个序列，以其为基准向$\check{e}$推荐其下一项可能的活动。该方法的缺点是当间断的序列对下一项活动具有较强的影响时，推荐的结果就不太准确。

与本书相似，文献[62]的推荐类型为RecType Ⅰ，它采用历史工作流实例信息对不完整实例进行下一项可能的活动推荐，它采用三种不同的方法筛选与不完整实例相似的完整实例：前缀法、集合法和多重集合法。前缀法仅仅考虑不完整实例的最后一项活动，完整实例在对应索引位置上的活动与该活动完全匹配才被筛选出来，这个要求太苛刻且没有考虑该活动之前的活动信息；集合法和多重集合法则完全忽略了活动的顺序信息。为克服这个方法的不足，本书第4章介绍的算法不仅考虑了不完整实例的最后一项活动，也考虑了该活动之前的活动信息，同时也考虑了这些活动的顺序信息。

# 1.2.2  协同过滤

推荐系统是用来向当前用户（active user）推荐其感兴趣的商品或服务的程序或应用系统。从20世纪90年代初开始研究它以来，诞生了各种各样的推荐算法。值得一提的是，在2006年，Netflix为改善自己的推荐系统性能，以高额的奖金为举办了一个推荐系统大赛之后，推荐系统和推荐算法的研究蓬勃发展，出现了各种各样的系统优化和改进。从推荐系统的发展历程来看，协同过滤（collaborative filtering，CF）是使用最为广泛、研究最为深入的推荐方法，并在学术和工业界得到了成功应用。CF考虑了用户间的爱好关系，将与当前用户具有相似兴趣的用户所感兴趣的项推荐给当前用户。

David Goldberg等人于1992年首次提出CF这一术语，并利用CF技术对信息进行过滤。他们设计了系统Tapestry用于过滤和筛选出当前用户感兴趣的电子邮件，是第一个使用 CF 技术的系统。每个用户需对他们已读过的邮件进行标注（annotation），这些标注对其他使用系统的用户可见，通过这些已有的标注，当前用户可以构造出过滤查询语句，从而得到其真正需要和感兴趣阅读的邮件。Tapestry 使用的 CF 不是自动的，需要用户基于预先设计的查询语言构造复杂的查询语句。

GroupLens 是第一个自动化 CF 系统，使用了基于用户近邻的（user-based，neighborhood-based）推荐算法。GroupLens 向用户推荐他们可能喜欢的文章。它的新闻阅读客户端（news reader clients）能够显示当前用户对未阅读文章的预测评分，也能够接收用户对已阅读文章的评分。最初的 GroupLens 系统采用 Pearson 相关系数度量用户间的相似性，并用所有近邻用户评分与其各自平均评分的差的加权平均作为最终的评分预测。为保护隐私，用户评分时使用假名，这样并不影响评分预测效果。Konstan 等人讨论了实现 GroupLens 协同过滤系统面临的挑战、GroupLens 的运作机制、评分预测方法、用户兴趣的分布等，指出个性化推荐要好于非个性化推荐。

上述基于用户近邻的 CF 算法的计算量随着用户数的增加而增加，当用户的数量远远大于项的数量时，例如，商务网站 Amazon 的用户数量就远大于待销售的书籍的数量，基于用户近邻的 CF 算法所需的计算量就特别巨大，不能满足商务网站推荐的实时性要求。为克服上述缺点，使得推荐系统能在很短的时间内推荐出高质量的结果，基于项近邻的（item-based, neighborhood-based）CF推荐算法被设计出来并得以运用[56]。与基于用户近邻的CF算法类似，基于项近邻的CF算法首先计算项间的相似性，然后向当前用户推荐与他喜欢项相似的项。由于项间的关系相对稳定，所以基于项近邻的CF算法在保持与基于用户近邻CF算法相同推荐效果下能够使用较少的在线计算时间。

当数据比较稀疏时，CF算法既无法找出当前用户的近邻用户，也无法找出某些项的近邻项，因此，其推荐效果就受到影响。例如，如果没有用户对新加入的项评分，那么这个项就无法被推荐。为了使基于CF的推荐系统运作良好，必须有一定数量的用户对项进行评分。为解决数据的稀疏问题，Sarwar等人使用了一些专门设计的智能体自动地填充一些数值，从而方便CF算法的执行。这些智能体是一些自动打分的机器人，本身携带非协同过滤信息（基于内容的信息）对新加入的项进行评分，以此来解决数据的稀疏性问题。此外，数据稀疏还会造成两个用户共同评分的项比较少，这对采用Pearson相关系数计算用户间相似性的算法带来不利影响，解决办法是使用默认评分（default voting）。

# 1.3 研究内容和创新点

推荐虽然早已应用于工作流领域中，但在工作流活动推荐方面的工作较少。本书提出了几个活动推荐算法，并设计了相应的实验，分析了它们的推荐效果。首先是基于用户类别近邻的活动推荐算法，利用用户类别和活动名称匹配的方法进行推荐，但与其他已有的名称匹配方法[62]不同，这将在后面章节中具体讲解。其次，是借鉴推荐系统领域的协同过滤技术，由此形成新的实例间相似度计算方法，从而设计了借鉴协同过滤技术的推荐算法，该算法首先将实例库和当前不完整实例转化成数值形式，利用数值函数计算不完整实例与实例库中完整实例的相似度，以筛选出实例库中与不完整实例相似性高的那些实例，以这些实例的信息向当前不完整实例推荐其下一项可能执行的活动。最后，更进一步，我们提出了基于协同过滤的推荐算法，将执行每个实例的最终用户考虑进来，同时构造了完全类似于用户对产品项目的打分矩阵——User-Item矩阵，用更加复杂的推荐方法向不完整实例推荐其下一项可能执行活动。本书围绕着工作流活动推荐这个主题，变换不同的推荐场景，利用多种不同的方法推荐，同时按照一定的评价指标评价分析了这些算法的推荐效果。

具体来说，本书内容的创新点包括：

（1）提出了基于用户类别近邻的活动推荐方法；

（2）将推荐系统领域中的推荐思想、推荐技术引入工作流活动的推荐；

（3）在第（2）点的基础上，完全采用协同过滤的方法进行工作流活动推荐。

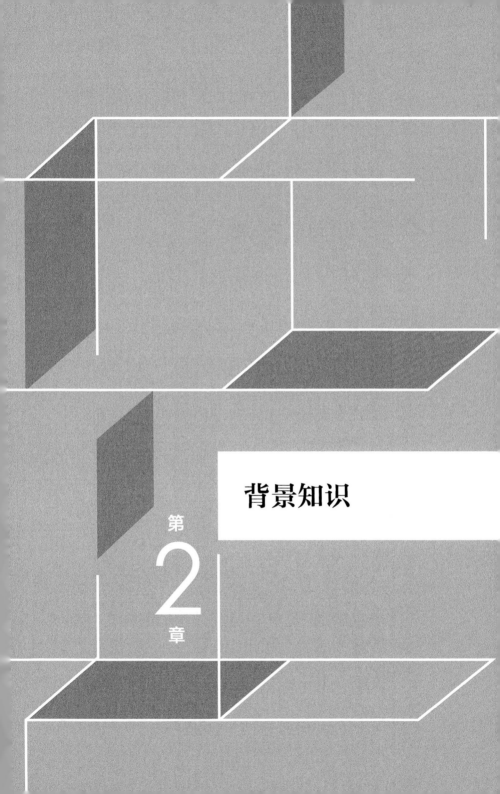

# 背景知识

第 2 章

本章主要介绍了与活动推荐相关的背景知识，包括工作流相关的概念——实例、活动、任务和模型等，工作流建模方法——工作流网，协同过滤等。

# 2.1　工作流相关概念

工作流技术是支持企业业务过程的一个很关键的支撑技术，其使得原来需要人工协调的工作步骤和许多工作的派发被纳入系统的管理，从而使得业务流程的变动更容易修改。工作流侧重于技术方面的表达，而业务流程侧重于应用方面的表达。在本书中二者的含义是一致的，二者的使用可以互换。本节重点讲解与工作流相关，尤其是工作流建模方面的概念。

## 2.1.1　实例

工作流管理系统每天真正面对和处理的是一个个的工作流实例。用户到保险公司办理保险索赔、到银行进行抵押贷款、到税务局进行纳税申报、向一个公司下订单、到医院就诊、到车管所申请机动车驾驶证等，都可以看成是工作流实例。

每个工作流实例都有自己的标识，可用于区分其他工作流实例。

**例2.1** 某人与驾校、车管所等相关部门打交道，并经过一个完整的流程而获得了机动车驾驶证，记该实例为 $I_a$，其中实例 $I_a$ 的科目一——理论考试一次性顺利通过。后因交通违法被吊销驾驶证，按相关规定需重新考取[1]，与 $I_a$ 的流程相同。最后，虽又重获驾驶证，但是却经历了两次科目一考试（其中一次是补考），记该实例为 $I_b$。可以很明显地看出，实例 $I_b$ 和 $I_a$ 是有区别的，二者科目一的考试次数不同，一个考了 2 次科目一，另一个考了 1 次。现实中二者的区别可能更加多，例如，实例 $I_b$ 的车管所科目一监考民警与 $I_a$ 的不同，甚至二者的考试地点也可能是不同的。监考民警和考试地点等信息会被系统记录下来，各自归属于 $I_a$ 和 $I_b$。

实例都有自己的生命周期，并且从其开始到结束之前，总会处于一定的状态。状态由三个元素确定：

（1）实例的属性具有的值；
（2）已经满足了的条件；
（3）实例的内容。

**例2.2** 在例 2.1 中对于处于实例 $I_a$ 的考驾照的人来说，需要缴纳一定的培训费才能进入驾校，定时接受相关的培训。该驾校对大学城的学生实行优惠政策，允许先缴部分培训费 2500 元，待科目一通过后再缴余下的培训费 3000 元。但无论如何，只有缴齐所有的培训费后才能进入科目二的培训流程。培训费就实例 $I_a$ 的属性，记

---

[1] 实际中，他可能仅仅再考一次科目一，通过后即可获得驾照。这里，为了讲清概念，我们假设他又重新经历了与 $I_a$ 相同的流程，并且是在同一家驾校、同一家车管所。

其为 $Price$，它可能的值为 $\{2500, 3000\}$。$Price = 5500$ 就是实例 $I_a$ 的一个条件，根据该条件是否被满足来决定是否进入科目二的培训。其他条件的例子还包括"申请被接受""申请被拒绝"及"在处理"等。

实例的内容包括文档、文件或数据库中的内容，它不属于工作流系统管理的范畴。

## 2.1.2  任务和活动

任务是一个工作的逻辑单元，其不可分割且必须完整执行；它泛指一般的工作单元，并非实例中活动的具体执行，是活动执行的依据和蓝图。活动是与一个实例联系在一起的，为方便阐述相关的活动推荐算法，本书将某个实例中满足条件待执行的任务、正在执行的任务、已经执行结束的任务统一称为**活动**。任务与模型相关，活动与实例相关，二者的区别与联系如图 2-1 所示。

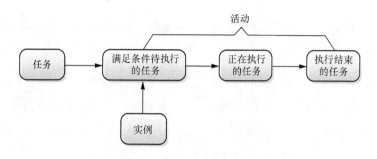

**图 2-1  任务与活动的区别和联系**

要从某实例 $I$ 的满足条件、待执行的任务集合中选出一个，推荐给该实例，我们就称这个选出来的待执行的任务为实例 $I$ 的**下一项可能的活动**。

# 2.1.3 工作流模型

工作流模型，有时也被称为过程（process）模型，是某种类型工作流实例的描述。它包含一个任务集合，并且规定这些任务的执行次序。它还可能包含资源分配的信息、任务执行时间方面的限制信息等。用于执行任务的某个人、完成某项处理的程序等都是资源的例子。资源分配就是将各个资源分配到各个任务上，由它们负责各个任务的执行和处理。时间方面的信息包括任务完成所用的时间段、任务最早开始时间及最迟完成时间等。一个模型可以用来处理多个不同的实例，实例由于其属性的不同可能会执行不同的任务，或者某些任务可能不会被执行。本质上工作流模型由任务和条件构成。

# 2.2 工作流模型建模

目前存在多种工作流建模工具，包括 UML Activity Diagram[63-65]、

EPC [66]、Petri网[67, 68]、CTR [69]、ECA、YAWL [70]、BPMN [71, 72]、jPDL [73]、BPEL、XPDL等。在后面章节中我们将会采用Petri网表示一个工作流模型，以此模型为基础生成算法所用的仿真数据集，因此本节将重点讲解与本书相关的Petri网建模技术。

Petri网是一种图形化描述流程的强有力工具，且建立在严格的数学基础上。Petri网是基于状态的，能够直观地将控制流信息展现出来，特别适合描述工作流中任务间的局部执行依赖。因为其描述包含标记（token），特别适合人工或计算机在其上仿真执行。某些情况下使用Petri网的好处：清晰简洁、严格的语义、可进行各种分析[70, 74]。

Petri网由库所（places）和变迁（trasitions）组成，库所和变迁之间用有向弧连接。有向弧有两种类型：从库所到变迁；从变迁到库所。库所$p$是变迁$t$的输入库所，当且仅当从$p$到$t$存在一条有向弧；类似地，库所$p$是变迁$t$的输出库所，当且仅当从$t$到$p$存在一条有向弧。库所可以容纳标记，而本书后面章节不涉及标记，故对标记不再赘述。

在描述工作流模型时，一些分支会经常出现，它们起到条件判断的作用，工作流实例根据这些分支做出不同的路由选择。这些分支包括AND-split、AND-join、OR-split、OR-join，它们的语义参见表2-1。

表2-1    工作流模型常用分支类型及它们的语义

| 分支类型 | 语义 |
|---|---|
| AND-split | 与该分支连接的多个任务可以同时执行，或者以任意次序执行。从该分支出发的有向弧称为并行路由 |
| AND-join | 用于同步2个或多个并行路由 |
| OR-split | 在与该分支连接的多个任务中，只能选择其中的一个执行。从该分支出发的有向弧称为选择路由 |
| OR-join | 用于汇合从同一个OR-split出发的选择路由 |

上述分支类型都有对应的Petri网描述方式，但这些描述方式比较烦琐。既然这些分支类型经常出现，我们就可以使用更加简洁的方式描述。本书采用文献[11]中定义的这些基本分支类型的简洁描述方式，而对其余的工作流模型构件描述仍采用Petri网格式。文献[11]给出的基本分支类型的简洁描述方式及它们对应的Petri网描述如图2-2所示。

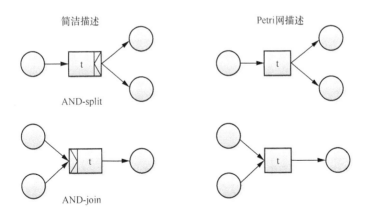

图2-2    基本分支类型的简洁描述方式及它们对应的Petri网描述

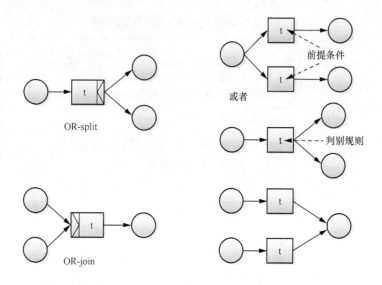

**图2-2　基本分支类型的简洁描述方式及它们对应的Petri网描述（续）**

虽然Petri网可以用来描述多种的对象，但在本书中Petri网只用来描述工作流模型。我们把只用来描述工作流模型的Petri网称为工作流网。

**定义2.1**　一个Petri网被称为工作流网当且仅当满足以下条件[11,75]：

（1）只有一个输入库所start和一个输出库所end；

（2）每个变迁或每个库所必须处于从start到end的有向路径上。

工作流网中的变迁被用来表示任务，库所被用来表示条件、阶段或状态。即使是工作流网，它仍然可能是不合理的，要让其合理需满足以下条件。

**定义 2.2** 一个工作流网是合理的，当前仅当满足下面的条件[11]：

（1）对应于库所 start 的每一个标记，最终有且只有一个标记出现在库所 end 中；

（2）当库所 end 出现标记时，其他所有库所都是空的；

（3）对每个变迁，从初始状态都能够到达该变迁就绪的状态。

要想保证构造出来的工作流网是合理的，一种方法是将其事先构造出来，然后交给仿真工具分析，给出修改意见；另一种方法则采用简单的、合理的工作流网构造块，按一定的方法不断替换，最终构造出自己需要的工作流网。图 2-3 所示的是常用的构造块。注意：还有一些构造块没有在图 2-3 中表示出来，例如，OR-split 与 OR-join 配对使用、迭代结构中去掉变迁 $y$ 直接回答初始的库所等。

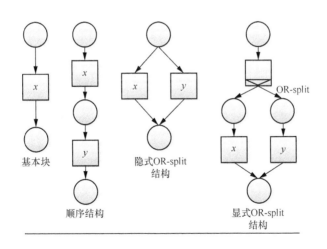

**图 2-3 合理的工作流网构造块**

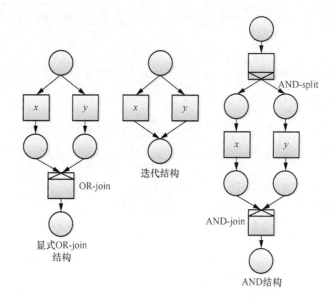

**图2-3　合理的工作流网构造块（续）**

# 2.3　协同过滤

## 2.3.1　介绍

　　协同过滤是Web个性化服务的一项技术。协同过滤算法基于用户群的历史行为数据对当前用户的爱好或者最可能喜欢的商品、服务、信息进行预测和推荐。顾名思义，协同过滤就是指用户可以齐心协力，通过不断地和网站互动，逐步地过滤掉自己不感兴趣的信息，从而使自己的推荐列表越来越满足自己的需求[35]。协同过滤算法可以把某个特定用户在某个网站的行为信息与有类似兴趣的其他用户的数据相比较，再根据比较结果预测该用户接下来想要什么或喜好什么。图2-4所示为采用协同过滤技术的网站服务个性化的例子。

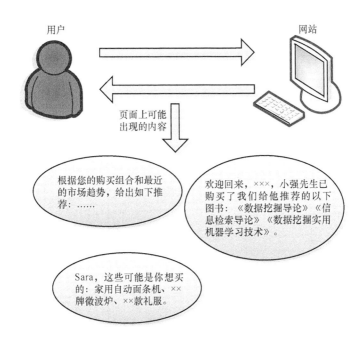

**图2-4 采用协同过滤技术的网站服务个性化的例子**

用户行为数据的例子包括对某个页面的点击、对电影的评分或评价、对某件商品的喜欢/不喜欢等。这些用户行为数据一般被存放在后台的文件中，供推荐系统算法使用和分析。协同过滤算法是在学术界出现得最早并且现在仍然被工业界广泛使用的算法，主要用于在线零售中对用户需求进行个性化定制，以促进商品的销售。

协同过滤算法的输入一般情况下是一个用户—物品评分矩阵（user-item rating matrix， 或 者customer-product rating matrix）。这个矩阵的行对应用户，列对应物品，矩阵中的元素对应用户对某个物品的评分。实际系统应用中该矩阵往往是稀疏的，即矩阵元素中具有值所占的比例很小。表2-2给出了一个用户—物品评分矩阵的例子。表中空白单元格对应的元素的值是缺失的。CF算法一个重要的任务就是填充用户—物品矩阵中缺失的值。

表2-2　一个用户—项评分矩阵的例子

|  | $i_1$ | $i_2$ | $i_3$ | $i_4$ | $i_5$ |
|---|---|---|---|---|---|
| $u_1$ | 4 |  | 3 |  |  |
| $u_2$ |  | 1 |  | 2 |  |
| $u_3$ | 3 | 4 | 2 |  | 4 |
| $u_4$ | 4 | 2 | 1 |  | ? |

协同过滤算法有两个目标，一个是评分预测（prediction）[2]，例如，预测某用户对一部其未观看电影的评分；另一个是TopN推荐（pecommendation），即向用户推荐其可能喜欢的$N$个项。一般来说，有了用户对未评分项的评分预测后，我们很容易构造出针对该用户的TopN推荐；但是，有些情况下我们不用算出评分预测，也能构造出TopN推荐。

---

[2]　也称为矩阵填充（matrix completion），参见文献[31]的第3页。

协同过滤采用的一个基本假设是，如果两个用户在许多项上都用相同的或相似的评价，那么在新出现的项目上这两个用户仍然会有相同或相似的评价。协同过滤算法并不依靠关于项目的任何额外的信息，如项目描述、项目元信息等，也不依靠用户本身的一些信息，如兴趣爱好、人口统计信息等。协同过滤算法可以分成两类：一类是基于近邻的（neighborhood-based）[3]，另一类是基于模型的（model-based）[32]。基于近邻的方法直接使用User-item评分矩阵来预测某个用户对新项目的评分；基于模型的方法则使用User-item评分矩阵来学习出一个预测模型，基于此模型进行预测。

接下来我们分别介绍上述两类协同过滤算法。

## 2.3.2　基于近邻的协同过滤算法

基于近邻的协同过滤算法是最早出现的协同过滤算法，它又分为两种：基于用户的（user-based）和基于物品的（item-based）。下面我们将详细讨论。在这之前，要对本书中使用的符号做统一的规定。我们用符号 $u$、$v$ 表示用户，用 $i$、$j$ 表示物品。符号 $r_{ui}$ 表示用户 $u$ 对物品 $i$ 的评分，代表了用户对该物品的喜好，值越大，喜好就越强烈。用符号 $\hat{r}_{ui}$ 表示对实际值 $r_{ui}$ 的评分预测。用符号 $\bar{r}_u$ 表示用户 $u$ 的评分的平均值，如果用 $I_u$ 表示被用户 $u$ 评分过的项的集合，那么，

---

3　也被称为基于记忆的（memory-based），参见文献 [31, 32]。

$$\overline{r}_u = \frac{1}{|I_u|} \sum_{i \in I_u} r_{ui}.$$

与上式类似，我们也可以算出对某个物品 $i$ 评分的平均值，用符号 $\overline{r}_i$ 表示。用 $\mathcal{R}$ 表示**用户—物品**评分矩阵，假定有 $m$ 个用户、$n$ 个物品，于是它就是一个 $m \times n$ 矩阵。

### 1. 基于用户近邻的协同过滤算法

在上述符号表示基础上，并用 $S^k(u; i)$ 表示与用户 $u$ 近邻的 $k$ 个用户的集合，且这些用户都对物品 $i$ 有评分，于是，基于用户近邻的协同过滤算法用下式计算 $\hat{r}_{ui}$：

$$\hat{r}_{ui} = \overline{r}_u + \frac{\sum\limits_{v \in S^k(u;i)} Sim(u,v)(r_{v,i} - \overline{r}_i)}{\sum\limits_{v \in S^k(u;i)} Sim(u,v)}. \qquad (2\text{-}1)$$

其中，$Sim(u, v)$ 是用户 $u$、$v$ 间的权重或者相似度，它在这里起到两个作用：一是计算用户间的相似度，二是帮助筛选出用户 $u$ 的 $k$ 个近邻，即确定集合 $S^k(u; i)$。公式（2-1）仅仅是基于用户近邻的协同过滤算法的一种计算方法，还有其他不同的计算方法。只要是先计算出用户间的相似度，再根据一定的方法计算出 $\hat{r}_{ui}$ 的，都被称为基于用户近邻的协同过滤算法。

相似度 $Sim(u, v)$ 的计算可以说是协同过滤算法中的一个核心问题。它的计算方法有两种。

（1）Pearson 相关系数。用这种方法计算用户间的相似性出现得最早，可以度量两个变量之间是否存在线性关系。如果用符号 $I_{u \wedge v}$ 表示用户 $u$ 和 $v$ 共同评过分的项的集合，那么：

$$Sim(u,v) = \frac{\sum_{i \in I_{u \wedge v}} (r_{ui} - \overline{r}_u)(r_{vi} - \overline{r}_v)}{\sqrt{\sum_{i \in I_{u \wedge v}} (r_{ui} - \overline{r}_u)^2 (r_{vi} - \overline{r}_v)^2}}. \qquad (2\text{-}2)$$

（2）向量相似性（vector similarity）。该计算方法借鉴了信息检索领域著名的 Cosine 相似性计算公式，计算公式如下：

$$Sim(u,v) = \frac{\sum_{i \in I_{u \wedge v}} r_{ui} r_{vi}}{\sqrt{\sum_{i \in I_{u \wedge v}} r_{ui}^2} \sqrt{\sum_{i \in I_{u \wedge v}} r_{vi}^2}}. \qquad (2\text{-}3)$$

前面讲解了基于用户近邻的评分预测，接下来我们讨论一个不用评分预测的、基于用户近邻的 TopN 推荐方法。首先按照一定的方法（使用公式（2-2）或公式（2-3））计算当前用户与其余 $m-1$ 个用户间的相似度，确定出 $k$ 个与当前用户相似度高的用户；然后将这 $k$ 个用户评过分的项整合在一起形成一个多重集合 $C$，统计集合 $C$ 中各个项出现的频率，并将它们按从高到低的顺序排序；最后，从这个有序的列表中按频率从高到低选出 $N$ 个当前用户未评分的项，以此作为推荐列表。

### 2. 基于物品近邻的协同过滤算法

尽管上述基于用户近邻的协同过滤算法已成功应用在不同领域，但在一些有着数以百万计用户和物品的大型电子商务网站上还存在很多严峻的挑战。尤其是当需要扫描大量潜在近邻时，这种方法很难做到实时计算预测值。因此，大型电子商务网站经常采用一种不同的技术——基于物品近邻的协同过滤算法[32]。这种推荐非常适合做离线预处理，因此在评分矩阵非常大的情况下也能做到实时计算推荐[65]。

基于物品近邻的协同过滤算法通常使用如下公式预测用户 $u$ 对物品 $i$ 的评分：

$$\hat{r}_{ui} = \frac{\sum_{j \in I_u} Sim(j,i) \cdot r_{uj}}{\sum_{j \in I_u} Sim(j,i)},\qquad（2\text{-}4）$$

其中 $Sim(j, i)$ 用于计算物品 $j$ 和 $i$ 之间的相似度。在基于物品近邻的协同过滤算法中 $Sim(j, i)$ 的计算方法通常采用 Cosine 相似度方法，即公式（2-3），但该方法不考虑用户评分平均值之间的差异。改进的 Cosine 方法能解决这个问题，做法是在评分值中减去平均值。相应地，改进的 Cosine 方法的取值在 -1 到 +1 之间，就像 Pearson 方法那样。改进的 Cosine 相似度计算方法如下：

$$Sim(i, j) = \frac{\sum_{u \in U_{i \wedge j}} (r_{ui} - \overline{r}_u)(r_{uj} - \overline{r}_u)}{\sqrt{\sum_{u \in U_{i \wedge j}} (r_{ui} - \overline{r}_u)^2} \cdot \sqrt{\sum_{u \in U_{i \wedge j}} (r_{uj} - \overline{r}_u)^2}},\qquad（2\text{-}5）$$

其中 $U_{i \wedge j}$ 表示同时给物品 $i$ 和 $j$ 评分的用户集合。

上面我们讨论了基于近邻的协同过滤算法的基本思想，并介绍了典型的相似度计算方法和评分预测方法。实际上，相似度计算方法（公式2-2、公式2-3和公式2-5）及评分预测方法（公式2-1和公式2-4）有一些变体，请参见文献[39]。下面讨论基于模型的协同过滤算法。

## 2.3.3　基于模型的协同过滤算法

与基于近邻的协同过滤算法不同，基于模型的协同过滤算法首先离线处理原始评分数据，算出一个模型，运行时只需要那个预计算或"学习过"的模型就能进行预测[32]。相比于基于近邻的协同过滤算法，基于模型的协同过滤算法主要有如下优点[31]：

（1）节省空间。学习出的模型的大小要远远小于原始评分矩阵的大小。

（2）模型训练时间、预测时间都比较快。在大多数情况下，基于模型的协同过滤算法的预测是非常高效的。

（3）避免过拟合（overfitting）。过拟合是机器学习算法面临的一个严重问题。基于模型的协同过滤算法通常能有效避免过拟合。

由于矩阵填充问题是数据分类问题的一个概括，因此，几乎机器学习中所有分类算法都能在协同过滤中找到对应的方法。相应地，基于模型的协同过滤算法分为决策树方法、基于关联规则的方法、基于概率分析的方法、基于隐式因子分解（矩阵分解）的方法等，其中以矩阵分解方法最为流行和先进。

表2-3给出了矩阵分解方法的分类簇。

表2-3　矩阵分解方法的分类簇（改编自文献[31]）

| 方法 | 约束 | 目标 |
|---|---|---|
| 无约束 | 无约束 | 弗罗贝尼乌斯范数[4] + 正则项 |
| SVD[5] | 正交基 | 弗罗贝尼乌斯范数 + 正则项 |
| maximum margin | 无约束 | Hinge loss + 边缘正则项 |
| NMF[6] | 非负 | 弗罗贝尼乌斯范数 + 正则项 |
| PLSA[7] | 非负 | 最大似然 + 正则项 |

下面看一下矩阵分解的基本模型。令 $R$ 为一个 $m \times n$ 矩阵，那么，它可以近似地分解为两个矩阵的积：

$$R \approx UV^T, \qquad (2\text{-}6)$$

其中，$U$ 是一个 $m \times k$ 矩阵，$V$ 是一个 $k \times n$ 矩阵，$k < \min(m, n)$ 是评分矩阵背后隐藏的概念的数量。矩阵 $U$ 和 $V$ 的每一行代表着一个隐式因子，在协同过滤语境下，分别称它们为用户因子（user factor）和物品因子（item factor），分别用来衡量对应用户和物品与 $k$ 个隐藏概念的接近程度。

---

[4]　frobenius

[5]　singular value decomposition

[6]　non-negative matrix factorization

[7]　probabilistic latent semantic analysis

# 2.4 本章小结

本章介绍了与后面章节相关的背景知识，包括工作流任务、工作流活动和工作流模型的概念，还介绍了工作流建模方法及本书使用的建模工具——工作流网。由于后面一些章节的算法借鉴或利用了推荐系统领域的协同过滤技术，本章也介绍了不同的协同过滤方法，重点讲解了基于用户近邻的协同过滤算法、基于物品近邻的协同过滤算法和基本矩阵分解模型。

第
3
章

基于用户类别近邻的
活动推荐算法

本章提出了基于用户类别近邻的活动推荐算法。此算法本质上利用活动序列匹配方法来确定用户类别的相似性和实例间的用户类别近邻，并未借鉴和利用推荐系统领域的协同过滤技术。在接下来的两章中我们将详细讨论在活动推荐中如何引入协同过滤思想和技术。

# 3.1 本章概要

本章讲解是工作流实例级别上的推荐，即向最终用户在当前业务执行过程中推荐其下一项可能执行的活动。活动推荐的原因如下：

（1）正如第1章所述，工作流模型是预先确定的、死板的，而现实世界是变动的，这必然带来大量的"流程违反"现象，时时刻刻更改先前建立的模型以适应新的情况是不现实的；

（2）工作流执行实例的历史记录包含着工作流模型不能提供的信息[62]，以这些信息为基础的活动推荐可增强WfMS的柔性。

工作流活动推荐的一个难点和重点是实例间相似性的度量。考虑到业务流程的服务对象是最终用户，而每个最终用户必然会与某些其他最终用户在业务办理上具有很强的相似性，本章称这些相似的用户同属于一个用户类别。若能在活动推荐过程中将最终用户的类别信息考虑进来，必定能增加所推荐活动的多样性，并能快速定位活动推荐的依据，从而改善推荐效果。为此，本章提出了一个基于用户类别近邻的活动推荐算法——UTNBARec（user type neighborhood-based workflow activity recommendation）。注意，我们仅考虑最终用户的类别，而业务流程运转过程中那些服务于最终用户的其他用户的类别并未纳入考虑范围。

根据最终用户类别的不同而相应采取不同的业务流程，这在现实中大量存在。例如，购买景区门票时，售票系统会根据当前买票人是普通人还是老年人，而采用不同的购买流程，老年人可能享有较低的票价和更贴心的服务，而老年人对应着一定数量的不同的有优惠的用户，他们属于同一个用户类别。与此相对应，在活动推荐时我们也可根据最终用户的类别，从历史业务流程执行信息库中选出所有与该类别对应的或者相似的执行信息，从而缩小历史业务流程执行信息的查找范围，缩短推荐所用时间，并使推荐所依据的信息更可靠，从而改善推荐效果。算法UTNBARec 利用历史业务流程执行信息库，向当前未完成的业务推荐其下一项可能执行的活动。本章中未完成的业务执行也被称为不完整执行实例。算法的核心是寻找与当前用户类别近邻的那些用户所执行过的业务信息，即从业务流程执行信息库中选出与当前不完整执行实例用户类别近邻的那些完整实例，然后基于这些完整实例计算出某个活动集合——作为当前不完整实例的推荐结果。算法的应用范围不局限于电子政务中业务活动的推荐，也能用于网页浏览中的下一次点击行为的推荐（或者称为click prediction [76]）。

为验证本章算法的有效性，我们利用公开的仿真数据生成工具PLG生成了本章所需的数据集，并用Python语言实现了算法UTNBARec，设计了相应的实验，对比分析了本章算法UTNBARec与算法PTM、CM的推荐效果。实验结果表明，本章算法UTNBARec是有效的和可行的。本章主要内容包括：

（1）提出了实例的用户类别近邻的概念；

（2）设计了基于用户类别近邻的活动推荐算法UTNBARec；

（3）设计并进行了实验，分析了算法UTNBARec的推荐效果，与算法PTM、CM做了对比，从而验证了UTNBARec算法的有效性和可行性。

# 3.2　相关概念及问题描述

## 3.2.1　相关概念及背景知识

本节给出相关概念及一些预备知识。虽然在第2章已给出了工作流模型的自然语言描述的定义，但为了方便读者理解本章的相关内容，这里还是给出形式化的工作流模型定义。

**定义 3.1** 一个**工作流模型**是一个八元组 $W \equiv \langle \mathcal{T}, \mathcal{S}, \mathcal{C}_{trl}, \mathcal{R}, s_s, s_e, \mathcal{L}, l \rangle$[1]，其中：

- $\mathcal{T}$ 是任务的集合；

- $\mathcal{S}$ 是状态的集合，对应于第 2 章中介绍的库所；

- $\mathcal{C}_{trl}$ 是各种控制流模块（AND-join、AND-split 等）的集合[77]，控制流模块就是我们在第 2 章的表 2-1 中讨论的分支类型；

- $\mathcal{R} \subseteq (\mathcal{T} \times \mathcal{S}) \cup (\mathcal{S} \times \mathcal{T}) \cup (\mathcal{S} \times \mathcal{C}_{trl}) \cup (\mathcal{C}_{trl} \times \mathcal{S})$ 是有向边的集合，规定了 $\mathcal{T}$、$\mathcal{S}$、$\mathcal{C}_{trl}$ 中元素的连接关系；

- $s_s$、$s_e$ 是模型中唯一的开始状态和结束状态，分别对应第 2 章中讲解的输入库所 start、输出库所 end；

- $\mathcal{L}$ 为名称的集合，每个名称代表了某个任务特定的含义；

- $l : \mathcal{T} \rightarrow \mathcal{L}$ 是一个函数，它赋予每个任务一个标签。

**定义 3.2** 令 $W$ 为一个工作流模型，如果在某个任务的后面跟随着 AND-split 或者 OR-split，我们就称该任务为一个**选择分支**。之所以将 AND-split 的情况也称为选择分支，是因为在此情况下记录业务流程的执行信息时，该任务后 AND-split 的后面跟随的多个任务还是以串行的方式记录，它与 OR-split 情况的区别是，它以某种顺序方式记录了 AND-split 后的所有任务信息，而 OR-split 情况下仅仅记录了紧随其后的一个任务。如果以某任务后的状

---

1 因为在模型级别上讨论，所以在此使用了花体（calligraphic font）。当不在模型级别上讨论时，我们会使用正常的字体，例如 $S$。

态为起点的有向边指向该任务之前出现的某个任务，则称该任务为**循环分支**。

**例3.1** 图3-1为一个用工作流网（参见定义2.1）描述的模型，$v_1, \cdots, v_7$为7个真正要执行的任务，它们各自旁边的文字为其相应的名称。变迁$m_1$是人为添加的管理任务，它一般不对应具体的工作，只能用来保证任务$v_3$和$v_4$中的一个执行。于是，根据定义3.2，$v_2$是一个选择分支。注意，后面根据工作流模型生成仿真数据时管理任务不包含在生成的活动序列中。圆形框表示模型的条件或状态。比如$c_7$就是一个条件，用来判断执行$v_6$后是否还存在问题，如果还存在问题则需要返回到最初的接收申请任务$v_2$。条件$c_7$本身既表示了条件，又表示了对该条件的判断，因为它是一个隐式的OR-split。除了圆形框$c_7$、start、end外，我们忽略了圆形框的标签。根据定义3.2，任务$v_6$是一个循环分支。本例模型并未考虑参与人及其用户类别，我们将在后面工作流实例的概念中引入用户类别。

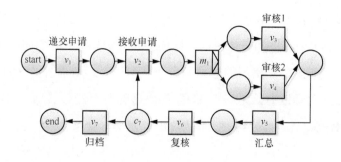

**图3-1 一个工作流模型**

例 3.1 中，$v_6$ 经 $c_7$ 到 $v_2$ 的这个循环分支不同于程序设计里的循环。程序设计里的循环执行次数可能成千上万，而在实际的工作流模型循环分支的执行只可能进行少量的数次。很可能最终用户在反复执行 $v_6$ 到 $v_2$ 几次后，就主动放弃了继续申请。此处给出定义 3.1 是为了后面仿真数据生成时有个明确的依据。对本章介绍的算法来说，我们假定工作流执行实例库对它们可见，而具体如何产生这些实例则事先未知。

业务流程系统为人们办理相关的业务服务，系统参与者在使用系统时必然潜在地属于某个用户类别。属于同类别的最终用户执行过的流程具有极大的相似性，不同类别的用户执行过的活动信息则具有很少的交集。业务流程的成功执行依赖于多个参与者分工合作，这些人可能属于不同的用户类别，因此一个业务流程会涉及多个用户类别。通常一个业务流程潜在的用户类别数量不会很多，除非是在大型的公司或企业。对具体的某个业务流程来说，它本身涉及的用户类别数量固定。在本章中，用户类别与角色的区别在于用户类别与某个业务流程相关，只要某些用户执行过的业务流程非常相似，他们就属于同一用户类别；而角色[24]可能涉及用户的社会属性、权限控制等。下面我们给出用户类别的定义。

**定义 3.3** 模型中的**用户类别**是指处于某一特定的业务环境内，针对某一特定的业务范围，系统参与人中那些具有相同或相似执行业务的人的总称。用户类别实际上是现实世界中实体的性质、行为、职能等方面所共有特征的抽象集合。

工作流执行实例是具有某个用户类别标签的参与人按照工作流模型的规定对执行过程的反映。因此，必须先存在工作流模型，才能经模型的执行产生多个执行实例。当然，异常实例的产生也必须基于某个工作流模型。本书介绍的工作流活动推荐，所依据的信息是大量的先前积累的工作流实例，因此我们给出工作流执行实例的定义。

**定义3.4** 令 $W$ 为一个工作流模型，$\mathcal{A}=\{a_1, a_2, \cdots, a_n\}$ 是模型中所有可能出现的活动的集合，遵照该模型的一次执行而产生的对整个执行过程的记录称为由 $W$ 生成的一个**工作流实例**，简称**实例**，这里的记录包括执行该实例的最终用户的类别和执行过的有顺序的活动序列。记工作流实例为 $w \equiv (r, A)$，其中 $r$ 表示最终用户的类别，$A \equiv \langle a_{i_1}, a_{i_2}, \cdots, a_{i_p} \rangle$ 为活动执行序列，$a_{i_k} \in \mathcal{A}$ $(k = 1, 2, \cdots, p)$，活动 $a_{i_1}$ 执行前的状态为 $s_s$，活动 $a_{i_p}$ 执行后的状态为 $s_e$。

下面我们给出由图 3-1 模型产生的两个工作流实例的例子，由于该模型不包含用户类别信息，下面例子中增加了用户类别集合 $UT$。

**例3.2** 令 $UT = \{plain, VIP\}$ 为一用户类别集合，则由图 3-1 工作流模型产生的两个工作流实例可能为：

$$w_1 : \left( plain, A_1 \equiv \langle v_1, v_2, v_3, v_5, v_6, v_2, v_4, v_5, v_6, v_7 \rangle \right),$$
$$w_2 : \left( VIP, A_2 \equiv \langle v_1, v_2, v_3, v_5, v_6, v_7 \rangle \right). \tag{3-1}$$

因为实例 $w_1$ 对应普通类别用户，所以它的活动序列比较长；而实例 $w_2$ 对应贵宾类别客户，所以它的活动系列比较短。

定义 3.4 定义了完整的实例，即遵照模型从头执行到尾，这种类型的实例不需要推荐，因为它们已执行完毕。活动推荐的对象是没有执行结束的那些工作流实例，我们称这种类型的实例为不完整工作流实例，下面给出它的定义。

**定义 3.5** 令 $W$ 为一工作流模型，如果最终用户遵照该模型的执行没有到达结束状态 $s_e$，而是处于某个中间状态 $s_{in}$，那么我们将从开始状态 $s_s$ 到中间状态 $s_{in}$ 为止执行过程的活动记录称为由模型 $W$ 产生的一个**不完整工作流实例**，简称不完整实例，记为 $\check{w} \equiv (r, \check{A})$，亦即它需满足以下两个条件：

（1）用户类别 $r$ 已知；

（2）$\check{A} \equiv \langle a_1, a_2, \cdots, a_i \rangle$ 是一个活动序列，并且执行活动 $a_i$ 后的状态不是模型 $W$ 中定义的结束状态 $s_e$。

**例 3.3** 由公式（3-1）可构造两个长度为 4 的不完整工作流实例：

$$
\begin{aligned}
&\check{w}_1 : \left( plain, \check{A}_1 \equiv \langle v_1, v_2, v_3, v_5 \rangle \right), \\
&\check{w}_2 : \left( VIP, \check{A}_2 \equiv \langle v_1, v_2, v_3, v_5 \rangle \right).
\end{aligned}
\tag{3-2}
$$

可以看出，这两个不完整实例的活动序列是完全一样的。

## 3.2.2　问题描述

假定对某业务流程来说，所有可能执行的活动为集合 $\mathcal{A} = \{a_1, a_2, \cdots, a_n\}$，并且是确定的。$W$ 是一个工作流实例库：

$$\{w_1, w_2, \cdots, w_m\},$$

其中，$m$ 是一个大于1的自然数，实例库 $W$ 中的实例一部分是由工作流模型 $\mathcal{W}$ 产生，另一部分是对模型 $\mathcal{W}$ 的违反，但无论怎样，推荐算法不知道整个实例库的生成过程。$\check{w} \equiv \langle r, \check{A} \rangle$ 是一不完整实例，其中 $\check{A} \equiv \langle a_{i_1}, a_{i_2}, \cdots, a_{i_\delta} \rangle$，$a_{i_k} \in \mathcal{A}(k = 1, 2, \cdots, \delta)$，$\delta$ 是实例 $\check{w}$ 的活动序列的长度。

**问题3.1**　如何利用工作流实例库 $W$ 中的信息，向当前不完整实例 $\check{w}$ 推荐其下一项可能执行的活动 $a_{i_{\delta+1}}$。

# 3.3　用户类别的相似性

为扩充活动推荐所依靠的实例数量，增加活动推荐的多样性，我们将实例库中与当前不完整实例的用户类别相似的类别所执行的实例考虑进来。因此，本节将介绍用户类别相似性的概念及计算用户类别相似性的算法。

令 $r_1$、$r_2$ 为两个用户类别，实例库 $W$ 中分别具有这两个类别的活动序列集合为：

$$S_{r_1} = \{A_1^{r_1}, A_2^{r_1}, \cdots, A_k^{r_1}\},$$
$$S_{r_2} = \{A_1^{r_2}, A_2^{r_2}, \cdots, A_l^{r_2}\}. \tag{3-3}$$

其中，$k \in \mathbb{N}^+$、$l \in \mathbb{N}^+$，那么，对于实例库 $W$ 来说，如何判断用户类别 $r_1$ 和 $r_2$ 是否相似呢？我们不从 $r_1$、$r_2$ 的名称本身来判断，而是通过它们实际执行过的序列集合——$S_{r_1}$ 和 $S_{r_2}$ 来判断。我们知道，对两个序列 $A_1$ 和 $A_2$ 来说，要计算二者的最大公共子序列，如果不使用动态规划算法（dynamic programming），其计算复杂性将为指数级别。于是，对于序列集合 $S_{r_1}$ 和 $S_{r_2}$ 来说，通过计算序列间公共子序列的方法来找出二者的共性，此计算复杂性将呈爆炸性增长。一个自然的想法是从集合 $S_{r_1}$ 和 $S_{r_2}$ 中分别选出一个代表性的序列 $A_a^{r_1} \in S_{r_1}$、$A_b^{r_2} \in S_{r_2}$，然后根据这两个序列的特征计算用户类别 $r_1$ 和 $r_2$ 的相似性。

那么，如何从集合 $S_r = \{A_1^r, A_2^r, \cdots, A_k^r\}$ 中选出一个代表性的序列呢？我们设计了算法 SelectReprAS（参见算法 3.1）。该算法的基本思想是，如果某个活动序列中的大部分活动在用户类别 $r$ 对应的序列集合 $S_r$ 中出现的频率比较高，那么就选择该序列作为序列集合 $S_r$ 的代表性序列。算法 3.1 的 1 ~ 9 行统计 $S_r$ 中所有活动的出现频率，并将它们按频率从高到低排序；算法 3.1 的 10 ~ 22 行逐一对 $S_r$ 中的每个序列进行代表性判定，即判定序列中是否包含了大部分频率比较高的活动，如果是，则返回该序列作为代表性序列。如果 $|S_r| = k$，$max_{i=1, 2, \cdots, k} \, len(A_i^r) = n_{max}$，其中 $len(A_i^r)$ 表示序列 $A_i^r$ 的长度，则算法

SelectReprAS的时间复杂度为$O(k \cdot n_{max})$。但是，本算法的一个缺点是放弃了活动序列中活动间的顺序信息，后续我们将采用机器学习里的频繁模式挖掘（frequent pattern mining）[78]方法来实现该算法，从而将活动间的顺序信息考虑进来。

**算法3.1　从活动序列集合中选出一个代表性的序列SelectReprAS($S_r$)**

**Input:** 活动序列集合$S_r$

**Output:** $S_r$的一个代表性序列$A$

1　**if** 活动序列集合$S_r$仅含一个序列$A$ **then**
2　　　**return** $A$
3　**end**
4　$DS = \{\}$
5　从集合$S_r$中找出所有出现过的活动，将它们赋给集合$A_r$
6　**for** $a \in A_r$ **do**
7　　　统计活动$a$在$S_r$所有序列中出现的频率$f_a$
8　　　将序对（$a, f_a$）添加到$DS$中
9　**end**
10　将$DS$中的元素按频率从高到低排序，将排序结果赋给$DS'$
11　$DS \leftarrow DS'$
12　取出$DS$中前$\lfloor |A_r| \cdot 70\% \rfloor$个元素对应的活动放入集合$A_r^*$
13　**for** $A^r \in S_r$ **do**
14　　　$A \leftarrow A^r$
15　　　**for** $a \in A^r$ **do**
16　　　　**if** $a \notin A_r^*$ **then** //此时序列不具有代表性
17　　　　　**break**
18　　　　**else** //从序列$A^r$中删除活动$a$
19　　　　　$A^r \leftarrow A^r - a$
20　　　　**end**
21　　　**end**
22　　　**if** $A^r == null$ **then** //返回代表性的序列
23　　　　**return** $A$
24　　　**end**
25　**end**
26　**return** $null$

前文介绍了如何从一个序列集合中选择代表性序列，接下来介绍用户类别相似的概念，它为后面讲解实例间用户类别近邻的概念提供基础。

**定义 3.6** 令 $W$ 为一个实例库，$r_1$ 和 $r_2$ 是出现在 $W$ 中的两个最终用户的类别，它们在 $W$ 中对应的活动序列集合分别为 $S_{r_1}$、$S_{r_2}$（参见公式（3-3）），在假定集合 $S_{r_1}$ 和 $S_{r_2}$ 的代表性序列分别为 $A_*^{r_1}$、$A_*^{r_2}$ 的情况下，则用户类别 $r_1$ 和 $r_2$ 在实例库 $W$ 中的**相似度**定义为：

$$Sim_{role}^{W}(r_1, r_2) = \frac{1}{1 + |tri(A_*^{r_1})| + |tri(A_*^{r_2})| - 2 \times |tri(A_*^{r_1}) \bigcap tri(A_*^{r_2})|}, \quad (3\text{-}4)$$

其中，$tri(A)$ 表示序列 $A$ 的所有长度为 3 的子序列组成的集合[79]。例如：

$$tri(\langle a_1, a_2, a_3, a_4, a_5 \rangle) = \{\langle a_1, a_2, a_3 \rangle, \langle a_2, a_3, a_4 \rangle, \langle a_3, a_4, a_5 \rangle\}.$$

**定义 3.7** $r_1$ 和 $r_2$ 是出现在 $W$ 中的两个最终用户的类别，如果它们的相似度大于等于一个预先定义的阈值 $\sigma_{role}$，即

$$Sim_{role}^{W}(r_1, r_2) \geqslant \sigma_{role}, \quad (3\text{-}5)$$

则称类别 $r_1$ 和 $r_2$ 在实例库 $W$ 中是**类别相似的**，记为 $r_1 \overset{W}{\sim} r_2$。如果公式（3-5）的关系符号变为小于，则称 $r_1$ 和 $r_2$ 在实例库 $W$ 中是**类别不相似的**，记为 $r_1 \overset{W}{\nsim} r_2$。

根据定义 3.6 和定义 3.7 可以判断两个用户类别是否相似。通常实例库 $W$ 中含有多个不同的用户类别，为方便存储所有用户类别间

的相似性信息，我们使用**用户类别相似性矩阵** $M$。如果 $W$ 中所有用户类别构成集合 $\{r_1, r_2, \cdots, r_{n_{role}}\}$，那么矩阵 $M$ 为 $n_{role} \times n_{role}$ 阶方阵，并且用 $M$ 元素 $m_{ij} = 1$ 表示类别 $r_i$ 与类别 $r_j$ 是相似的，用 $m_{ij} = 0$ 表示二者不相似。显然 $M$ 是对称矩阵。实例库 $W$ 的数量一般情况下比较大，其在短时间内保持相对的稳定性，短时间内增加的量相比原 $W$ 的数量所占比例很小。因此，我们可以离线（offline）计算 $W$ 的用户类别相似性矩阵 $M$，以加快在线（online）工作流活动推荐的速度。当有新用户类别或者大量的工作流实例加入 $W$ 后，才需重新计算用户类别相似性矩阵。一个用户类别相似性矩阵的例子参见表 3-1。这里含 4 个用户类别 $r_1$、$r_2$、$r_3$ 和 $r_4$，表中元素值为 1 表示它所在的行对应的类别与所在的列对应的类别相似，0 表示它们不相似。

表 3-1　用户类别相似性矩阵 $M$ 举例

|  | $r_1$ | $r_2$ | $r_3$ | $r_4$ |
|---|---|---|---|---|
| $r_1$ | 1 | 0 | 1 | 1 |
| $r_2$ | 0 | 1 | 1 | 0 |
| $r_3$ | 1 | 1 | 1 | 0 |
| $r_4$ | 1 | 0 | 0 | 1 |

　　计算工作流实例库 $W$ 的用户类别相似性矩阵的算法 ComputeUTSim 如算法 3.2 所示。该算法的时间复杂度为 $O(n_{role}^2 \cdot k \cdot n_{max})$，其中 $n_{role}$ 是实例库 $W$ 中含有的用户类别数量，$k$ 是序列集合 $S_{r_i}$ 含有的序列的数量，$n_{max}$ 是序列集合中最长序列的长度。

**算法 3.2　计算实例库 $W$ 的用户类别相似性矩阵 ComputeUTSim($W$)**

**Input:** 实例库 $W$，预定义的阈值 $\sigma_{\text{role}}$

**Output:** 用户类别序列 $UTS$，用户类别相似性矩阵 $M$

1　扫描 $W$ 中所有实例，确定出可能出现的所有用户类别，将它们放入集合 $UT$ 中

2　对集合 $UT$ 中用户类别排序，将排序结果放入序列
　　$UTS = \langle r_1, r_2, \cdots, r_{n_{\text{role}}} \rangle$

3　初始化 $n_{\text{role}} \times n_{\text{role}}$ 阶矩阵 $M$，并将其对角线元素值设为 $1$，其余元素设为 $0$

4　**for** $i \leftarrow 1$ **to** $n_{\text{role}}$ **do**

5　　**for** $j \leftarrow i + 1$ **to** $n_{\text{role}}$ **do**

6　　　从 $W$ 中分别找出与用户类别 $r_i$、$r_j$ 对应的活动序列集合 $S_{r_i}$、$S_{r_j}$

7　　　$A_*^{r_i} \leftarrow \text{SelectReprAS}(S_{r_i})$，$A_*^{r_j} \leftarrow \text{SelectReprAS}(S_{r_j})$

8　　　根据公式（3-4）计算 $Sim_{\text{role}}^{W}(r_i, r_j)$

9　　　**if** $Sim_{\text{role}}^{W}(r_i, r_j) \geqslant \sigma_{\text{role}}$ **then**

10　　　　$M[i][j] \leftarrow 1$，$M[j][i] \leftarrow 1$

11　　　**end**

12　　**end**

13　**end**

14　**return** $UTS$, $M$

# 3.4　活动推荐算法

前面设计的算法 ComputeUTSim 是为本节将要介绍的活动推荐算法服务的，接下来我们将详细讨论算法 UTNBARec。

## 3.4.1　用户类别近邻及相关概念

下面给出工作流实例的用户类别近邻的定义，它在活动推荐算

法UTNBARec中起着很重要的作用。

**定义3.8** 令$w_1 = \langle r_1, A_1 \rangle$，$w_2 = \langle r_2, A_2 \rangle$是工作流实例库$W$中的两个实例，令$S_{A_1}$和$S_{A_2}$分别是活动序列$A_1$和$A_2$中活动构成的集合，$\theta$为一个预先定义的阈值，那么，实例$w_1$和$w_2$被称为在$W$中是**用户类别近邻**的，记为$w_1 \overset{W_{role}}{\sim} w_2$，如果$w_1$和$w_2$满足下面两个条件：

（1）$r_1 \overset{W}{\sim} r_2$，即$r_1$和$r_2$是用户类别相似的。

（2）$|S_{A_1} \cap S_{A_2}| \geqslant \theta$。

如果不满足上述两个条件，那么$w_1$和$w_2$被称为在$W$中是**用户类别不近邻**的。

根据定义3.8可知：

（1）公式（3-2）中工作流实例$w_1$活动集合$S_{A_1} = \{v_1, v_2, v_3, v_4, v_5, v_6, v_7\}$，工作流实例$w_2$的活动集合$S_{A_2} = \{v_1, v_2, v_3, v_5, v_6, v_7\}$；

（2）两个实例是否用户类别近邻依赖于$\theta$值，其值越大，用户类别近邻的两个工作流实例包含的公共活动就越多，也就越相似，这对是否为用户类别近邻的要求就越严格；其值越小时，情况相反。

**注释3.1** 在定义3.8中，如果将其中的某个实例，比如$w_2$，替换为一个不完整工作流实例$\check{w}$，相应的其中一个活动集合替换为$S_{\check{A}}$，那么在此种情况下，我们就称$\check{w}$与$w_1$是用户类别近邻的。也就是说，用户类别近邻所针对的可能是两个实例、两个不完整实例，或者一个实例与一个不完整实例。

**例3.4** 如果我们规定 $\theta = 3$，则公式（3-2）中的工作流实例 $w_1$ 与下面的由例3.1工作流模型产生的工作流实例

$$w_3 = \left( plain, A_3 \equiv \langle v_1, v_2, v_3, v_5, v_6, v_7 \rangle \right) \qquad （3\text{-}6）$$

是用户类别近邻的，因为我们默认用户类别与自身是相似的，并且 $|S_{A_1} \cap S_{A_3}| = 6$ 大于 $\theta$；如果假定 $plain \overset{W}{\sim} VIP$，那么公式（3-2）的 $w_1$ 和 $w_2$、$w_2$ 和本例的 $w_3$ 是用户类别不近邻的。

为了更简洁地描述和讨论我们的基于用户类别近邻的活动推荐算法，接下来给出候选实例集合和候选推荐活动集合的定义：

**定义3.9** 假设 $W=\{w_1, w_2, \cdots, w_m\}$ 是一个实例库，$\check{w}$ 是一个不完整实例，$W$ 的一个子集 $C_{\check{w}} = \{w_{j_1}, w_{j_2}, \cdots, w_{j_s}\} \subseteq W(1 \leqslant j_i \leqslant m,\ i = 1, 2, \cdots, s)$ 被称为 $\check{w}$ 的**候选实例集合**，如果该集合中的每个实例都与 $\check{w}$ 是用户类别近邻的，亦即，$\forall w_{j_i} \in C_{\check{w}}$，都有 $\check{w} \overset{W_{\text{role}}}{\sim} w_{j_i}$。

从 $W$ 中找出不完整实例 $\check{w}$ 的候选实例集合后，我们能很容易确定 $\check{w}$ 的候选推荐活动集合。

**定义3.10** 假设 $\check{w} = (r, \langle a_1, a_2, \cdots, a_\delta \rangle)$ 是一个由工作流模型 $W$ 产生的不完整工作流实例，$C_{\check{w}} = \{w_1, w_2, \cdots, w_s\}$ 是它的候选实例集

合，其中 $w_i = (r, \langle a_1^i, \cdots, a_{s+1}^i \cdots \rangle)$，$i = 1, 2, \cdots, s$，则由活动 $a_{s+1}^i$，$i = 1, 2, \cdots, s$ 所构成的多重集合（multiset）被称为不完整实例 $\check{w}$ 的**候选推荐活动集合**，记为 $C_{a,\check{w}}$。

## 3.4.2　随实例大小而递增的阈值 $\theta$ 函数

在此我们区分两个术语：序列的长度（length）和序列的大小（size）。序列 $A$ 的长度是指序列 $A$ 中包含的活动数量的多少，记为 $len(A)$；序列 $A$ 的大小是指序列中包含的不同活动数量的多少，即 $|S_A|$，记为 $size(A)$。当序列 $A$ 中相同的活动多次出现时，$len(A)$ 和 $size(A)$ 不相等，且 $size(A) < len(A)$。当序列所在的工作流实例 $w$ 确定时，序列的长度也称为实例的长度，记为 $len(w)$，序列的大小也称为实例的大小，记为 $size(w)$。

令 $\check{w} = (r, \check{A})$ 为一个不完整工作流实例，它的 $size(\check{w}) = |S_{\check{A}}|$。后面将详细介绍的推荐算法 UTNBARec 利用 $C_{a,\check{w}}$ 构造推荐列表，为此必须先计算出集合 $C_{\check{w}}$。计算 $C_{\check{w}}$ 的过程就是找出实例库 $W$ 中所有与 $\check{w}$ 用户类别近邻的实例的过程。根据定义 3.8，阈值 $\theta \leqslant \min(size(\check{A}), size(\check{w}))$；再根据定义 3.10，$\forall A \in C_{\check{w}} len(A) > len(\check{A})$，由于当 $len(A) > len(\check{A})$ 时也可能有 $size(A) \leqslant size(\check{A})$（见图 3-2），为排除此情况，阈值 $\theta$ 的选择必须随着 $size(\check{A})$ 值的改变而改变，即当 $size(\check{A})$ 大时，$\theta$ 的值也大；反之则相反。图 3-2 描述了一个求解候选实例集合的例子，

并解释了这样做的原因。

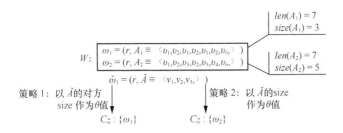

**图3-2** 不同阈值 $\theta$ 选择策略对 $C_{\tilde{w}}$ 结果的影响。假定 $\tilde{w}$ 的真正执行意图是 $w_2$，那么策略1给出的结果是一个false positive，漏掉了真正需要的；策略2给出的结果是一个true positive，满足我们的需求

另外指出，以 $\check{A}$ 的长度 $len(\check{A})$ 作为 $\theta$ 值也不恰当，因为根据定义3.8，当 $len(\check{A}) > size(\check{A}) \wedge len(\check{A}) > size(A)$ 时，可能会漏掉更多真正需要的实例。

为此，我们引进随不完整实例大小 $size(\check{A})$ 而递增的阈值 $\theta$ 函数。

**定义3.11** 令 $\check{w}_1 = (r_1, \check{A}_1)$ 和 $\check{w}_2 = (r_2, \check{A}_2)$ 是两个不完整实例，函数 $\psi(x)$ 被称为**随实例大小而递增的阈值 $\theta$ 函数**，如果它满足以下条件：

（1）当 $size(\check{A}) < size(\check{A})$，有 $\psi(size(\check{A})) < \psi(size(\check{A}))$；

（2）$x \leqslant \psi(x)$。

因为计算不完整实例的候选实例集合时，阈值 $\theta$ 选取的着眼点是不完整实例的大小，所有阈值$\theta$函数的使用方法是，计算$w$与$\check{w}$是否为用户类别近邻时，阈值$\theta=\psi(size(\check{w}))$。在接下来要讨论的算法UTNBARec中，我们使用的阈值$\theta$函数的具体形式：$\psi(x)=x$。当然，也可使用其他形式的阈值$\theta$函数，只要满足定义3.11的两个条件即可。

## 3.4.3 基于用户类别近邻的工作流活动推荐算法 UTNBARec

前面介绍了用户类别相似算法、用户类别近邻的概念、递增$\theta$函数等，都为本小节介绍UTNBARec算法做了铺垫。该算法如算法3.3所示。

**算法3.3 UTNBARec($W, \check{w}$)**

**Input:** 工作流实例库$W$；不完整工作流实例$\check{w} = (r, \check{A})$，且$len(\check{A}) = \delta$；用户类别相似性矩阵$M$

**Output:** 由$N$个活动组成的集合$C_N$ //$\check{w}$的下一可能执行活动的集合

1　$C_{a,\check{w}} \leftarrow \{\}$
2　$\theta \leftarrow \psi(size(S_{\check{A}}))$
3　利用$M$找出与$\check{w}$的角色$r$相似的角色集合$Role=\{r_1, r_2, \cdots, r_p\}$ //定义3.8条件1满足
4　**for** $i \leftarrow 1$ **to** $p$ **do**
5　　从$W$中找出角色为$r_i$的活动序列集合$S_{r_i}=\{A_1^{r_i}, A_2^{r_i}, \cdots, A_q^{r_i}\}$
6　　**for** $A \in S_{r_i}$ **do**
7　　　**if** $|S_{\check{A}} \cap S_A| \geqslant \theta \land len(A) > \delta$ **then**
8　　　　将序列$A$中第$\delta+1$个活动添加到集合$C_{a,\check{w}}$中 //定义3.8条件2满足
9　　　**end**
10　　**end**
11　**end**
12　$C_N \leftarrow$ 集合$C_{a,\check{w}}$中前$N$个最重要的活动
13　**return** $C_N$

该算法首先利用离线计算的用户类别相似性矩阵 $M$ 找出与 $\check{w}$ 用户类别 $r$ 相似的用户类别集合（第3行），以保证算法后面运算所操作的工作流实例都满足定义3.8的条件1；然后利用定义3.8的条件2构造候选推荐活动集合 $C_{a,\check{w}}$；最后按照一定的方法从 $C_{a,\check{w}}$ 中找出前 $N$ 个最重要的活动，记为集合 $C_N$，推荐给不完整实例 $\check{w}$，作为其下一项可能执行活动的推荐列表。该算法利用矩阵 $M$，能节省大量计算时间。因为第5行需在整个实例库 $W$ 中查询，所需时间复杂度为 $O(m)$；第6～10行的循环，所需时间复杂度为 $O(|S_{r_i}|)$，其在最坏情况下为 $O(q^*)$，所以算法在最坏情况下的时间复杂度为 $O(n_{role} \cdot (m + q^*))$，其中 $n_{role}$ 是实例库 $W$ 中含有的用户类别的数量，$m$ 是 $W$ 中含有的工作流实例的数量，$q^* = \max_{S_{r_i} \in \{S_{r_1}, \cdots, S_{r_p}\}} |S_{r_i}|$ 是集合 $\{S_{r_1}, \cdots, S_{r_p}\}$ 中含有最多序列数量的那个序列集合 $S_{r_i}^*$ 包含的序列数量。

算法 UTNBARec 的各参数及含义如表3-2所示。

表3-2　算法 UTNBARec 的各参数及含义

| 参数符号 | 含义 |
| --- | --- |
| $m$ | 实例库 $W$ 中包含的实例数量 |
| $\delta$ | 某个不完整实例 $\check{w}$ 的长度，即 $len(\check{w})$ |
| $\sigma_{role}$ | 判定用户类别是否相似的阈值 |
| $\theta$ | 判定两个实例是否用户类别近邻的阈值 |
| $N$ | 不完整实例 $\check{w}$ 的推荐列表 $C_N$ 中含的活动数量，即通常推荐系统语境下的 TopN 推荐中的 $N$ |

# 3.5 实验方法及结果分析

我们用Python语言实现了算法UTNBARec，实验是在内存为2GB、CPU为AMD双核2GHz主频、操作系统为Windows 7的电脑上进行的。

Haisjackl等人也讨论了活动推荐的几种方法，但它与本章介绍的有所不同。它假定当前不完整实例的所有下一项可执行的活动已知，首先按一定的方法从实例库中筛选出所有与当前不完整实例相似的实例，这些可执行的活动在这些筛选出的历史实例中具有一定的历史目标（例如，最小实例执行时间、最小发生错误率，最大企业利润、最大顾客满意度等）价值；然后根据上述目标优化准则按一定方法计算每一项可执行活动的执行价值；最后对这些活动按执行价值排序，推荐给不完整实例的用户。虽然如此，但它提出的一些筛选相似实例（构建候选实例集合）的方法完全可以应用到本章的推荐问题中，与本章介绍的筛选相似实例的方法——基于用户类别近邻的方法做对比。注意，上述对比仅是构造候选实例集合$C_w$方法的对比，而由$C_w$构造推荐列表$C_N$的方法都采用本章介绍的方法。

Haisjackl等人共提出了5种筛选相似实例的方法，我们从中选择两种——PTM（partial trace miner）和CM（chunk miner）作为本章的对比对象,其余3种由于出现得比较早(请参见文献[62]),在此忽略。

# 3.5.1 实验数据

我们用开源工具PLG(processes logs generator)[2]生成本章实验所需的仿真数据集(synthetic dataset)。使用仿真数据集的理由如下。

- 可能基于商业机密方面的考虑[106],许多公司不愿意公开它们自己的私有数据。一个较好的做法是,先设计一个与实际业务流程较接近的工作流模型,然后以该模型为基础生成相应的执行实例日志。
- 实际业务数据通常与某领域的具体业务相联系,由于其太具体,不能从中得到普遍的结论。我们需从实际问题中抽象出我们的注意点,例如,本章仅考虑用户类别信息,而忽略了每个实例的最终用户信息。先在抽象的问题上试验新想法,然后的工作才是部署到实际系统,包括在实际系统上测试算法。
- 一些研究工作,包括在权威期刊发表的,也是在仿真数据集上测试的。

---

[2] 使用该软件时需先安装 JRE(Java 的运行环境)和软件 Graphviz。

PLG根据用户提供的参数（AND-split的概率、OR-split的概率、循环分支出现的概率等[106]），随机产生一个工作流模型，然后产生该模型的执行实例。产生执行实例时，可以设置错误实例的出现概率（实际上就是本书所说的异常实例的出现概率）。本章实验所用的、由PLG随机产生的一个工作流模型 $W_1$ 如图3-3所示。为方便读者理解该模型，模型使用依赖图（dependency graph）表示。模型 $W_1$ 的一些特征信息如表3-3所示。模型 $W_1$ 中每个矩形框表示一个活动，有向边表示活动执行的依赖关系。有向边旁边的数字（如果有的话）是一个概率值，如果该有向边是一个AND-split分支，则该值表示有向边所指活动优先被记录下来的概率；如果有向边是一个OR-split分支，则该值表示有向边所指活动被选择的概率。

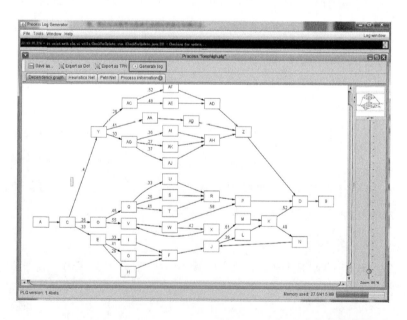

**图3-3 由PLG随机产生的一个工作流模型 $W_1$，用来生成本章所用的实例**

表3-3　模型 $\mathcal{W}_1$ 的特征信息

| 特征 | 数量 |
|---|---|
| AND-split | 5 |
| OR-split | 3 |
| 循环分支 | 2 |
| AND-split 的最大分支数 | 3 |
| OR-split 的最大分支数 | 3 |
| 活动总数 | 37 |

有了模型 $\mathcal{W}_1$ 后，利用软件 PLG 产生该模型的执行实例很简单，单击图3-3所示界面上的 Generate log 即可。在产生实例前，我们设置了异常实例出现的概率为18%，最终生成了一个包含 $N_{DS}$=5000个实例的数据集 DS，记其为 $DS5000_{w_1}$。但是，软件 PLG 生成的执行实例信息采用 MXML 格式表示（附录 B 展示了一个 MXML 示例），其中包含了活动的开始时间、结束时间等其他额外信息，不方便实验，为此，我们对其进行了预处理，忽略了实例中每个活动的开始时间、结束时间等信息，将其转换成了本章实验所需的格式。

图3-4所示为数据集 $DS5000_{w_1}$ 中实例的序列长度 len(w) 分布情况。从图3-4中可以看出，实例序列的长度主要集中在10、13、14、16、17、18、19、22上，17所占的比重最大；序列长度大于22的实例所占的比重较小。数据集的序列长度分布有助于我们推断不同长度的不完整实例在推荐时所依据的完整实例的数量。

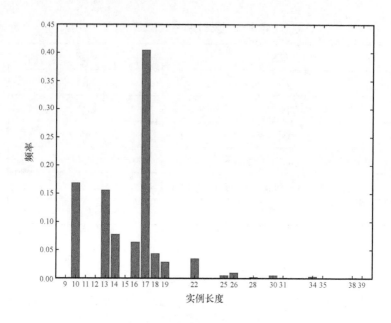

**图3-4　数据集$DS5000_{W_1}$中实例的序列长度分布**

因为仿真数据生成工具PLG没有考虑生成的执行实例的用户类别信息，仅仅对实例中的每个活动都默认一个执行人"Originator"，因此，数据集$DS5000_{W_1}$中不包含用户类别信息。为迎合本章的推荐场景，我们还需对数据集$DS5000_{W_1}$做进一步处理，为每个执行实例赋予一个用户类别信息。为数据集$DS$中每个实例分配用户类别的方法是，对任意两个$DS$中活动序列$A_i$和$A_j$，只要二者满足：

$$|size(A_i) - |S_{A_i} \cap S_{A_j}|| \leqslant 2 \wedge |size(A_j) - |S_{A_i} \cap S_{A_j}|| \leqslant 2, \qquad （3-7）$$

就为它们分配同一用户类别，用户类别名称按分配先后次序依次为$r_0$、$r_1$等，直到这$N_{DS}$个活动序列分配完毕。这样分配用户类别的方法是符合实际情况的，因为实际业务流程中，相同类别的用户办理同一业务时，大部分情况下所经历的流程序列是相似的，只有少数情况下是违反的。

对数据集$DS5000_{w_1}$按上述方法添加用户类别信息后，共产生了4个用户类别，它们各自的实例序列长度分布情况如图3-5所示。这样通过$DS5000_{w_1}$得到的新的数据集，我们仍称之为$DS5000_{w_1}$。

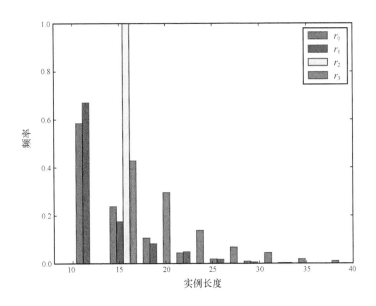

**图3-5　数据集$DS5000_{w_1}$中各个用户类别对应的实例的序列长度分布**

接下来我们讨论通过该数据集如何构造训练数据、测试数据及不完整实例。

## 3.5.2 训练数据、测试数据及不完整实例的构造

对于使用PLG产生的大小为$N_{DS}$的数据集$DS$，我们从中随机取出$N_{DS} \times 2/3$个实例作为实例库$W$，余下的用于构造不完整实例及测试数据。假定构造的不完整实例的长度为$\delta$，记长度为$\delta$的不完整实例构成的集合为$\check{W}_{\delta}$。$\forall \check{w} \in \check{W}_{\delta}$，其下一个真正要执行的活动记为$tna(\check{w})$。集合$\check{W}_{\delta}$中所有不完整实例的下一个真正要执行的活动构成的多重集合记为$T_{na}=\{tna(\check{w}) | \check{w} \in \check{W}_{\delta}\}$。图3-6所示为实例库划分、不完整实例的构造及测试数据的划分。注意，实例库$W$和相应的$\check{W}_{\delta}$一起称为训练数据，而与$\check{W}_{\delta}$对应的$T_{na}$则称为测试数据（对应图3-6中的深色部分）。

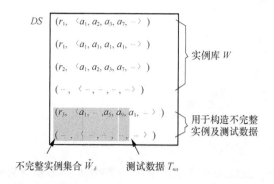

**图3-6 实例库的划分、不完整实例的构造、测试数据的划分示意**

因为在后面的实验中要观察不完整实例的长度$\delta$对推荐效果的影响，同时也为了保证实验结果在统计方面的正确性，所以我们构造

了长度为$\delta$的不完整实例的集合$\check{W}_\delta$。

# 3.5.3 评价指标

评价指标对于判别本章介绍的活动推荐算法的质量非常重要。由于本章算法是TopN推荐，所以我们应采用推荐系统领域常用的准确率/召回率（precision/recall）[80-82]。但是，本章介绍的活动推荐与通常推荐系统领域里的推荐场景不同，活动推荐算法利用了实例库$W$和不完整实例，因此推荐系统领域里TopN评价指标不能直接应用，必须做相应的改动才能移植到本章所述的推荐场景中。

对于某个不完整实例$\check{w}$来说，活动推荐算法向其推荐TopN列表$C_N$，作为其下一项可能执行活动的选择范围，而该推荐列表$C_N$中要么含有$\check{w}$的下一项真正执行活动$tna(\check{w})$，要么不含有$tna(\check{w})$，二者必居其一。因此，对于本章所述的推荐场景来说，针对$\check{w}$的推荐准确率要么为0，要么为$1/|C_N|$。所以，本章不使用准确率这个评价指标。

对于某个不完整实例的集合$\check{W}_\delta$，活动推荐算法的召回率定义为：

$$Recall = \frac{|\{w \in \check{W}_\delta \mid tna(\check{w}) \in C_N(\check{w})\}|}{|T_{na}|}, \tag{3-8}$$

其中$C_N(\check{w})$是不完整实例$\check{w}$的TopN推荐列表。$Recall$的值介于0和1之间，为1时表明活动推荐算法一直能准确地推荐出不完整实例$\check{w}$

的下一执行活动，为0时表明对每一个不完整实例$\check{w}$都不能推荐出准确的结果。

# 3.5.4 实验结果及分析

从上面小节的讨论中我们知道，实例库$W$是通过数据集$DS$中实例的随机选择而得到的。为使本小节的实验结果不受这种随机选择的影响，我们对数据集$DS5000_{w_i}$随机选择了$W$两次[3]，得到的选择结果分别称为TrainTestData1和TrainTestData2，它们代表着某次随机选择$W$而得到的结果。另外，为了查验推荐算法RNBARec在不同序列长度$len(\check{w})$下的推荐效果，并根据图3-4所示的实例序列长度分布，我们对TrainTestData1和TrainTestData2分别构造了长度$\delta=5, 6, 7, \cdots, 38$的不完整实例集合$\check{W}_\delta$。

我们知道，推荐列表TopN的大小$N$肯定会影响推荐算法的召回率，并且$N$越大，召回率就越高。为了验证$N$对召回率的影响，我们分别选取了$N=3$、5、7、9，在数据TrainTestData1和TrainTestData2做了实验，实验结果如图3-7所示。

图3-7（b）中右下角的"X"表示在数据TrainTestData2上不能构造出长度为38的不完整实例集合$\check{W}_{38}$；而图3-7（a）所示的

---

[3] 在此，我们当然可以随机选择实例库$W$多次，再对它们的实验结果求平均值，但是，我们认为，分别看它们的实验结果，更能直观地感受随机选择$W$带来的影响。

TrainTestData1上却能构造出该长度的不完整实例集合。可见，随机方法选择实例库 $W$ 会影响推荐结果。虽然召回率的具体值有所不同，但图 3-7（b）和图 3-7（a）所示的实验结果都有一个共同的趋势：当 $\delta<29$ 时，召回率随着 $N$ 的增大而增大。但是，当 $\delta\geqslant29$ 时，召回率随 $N$ 的增大而变动的幅度不明显，基本上保持不变。这是因为：从图 3-4可以看出序列长度大于等于29的实例在数据集 $DS5000_{w_1}$ 中所占的比例过小，造成候选推荐集合 $C_{a,\vec{w}}$ 中的元素过于单调，此时增大 $N$ 对推荐列表TopN不产生任何影响。这也造成了图 3-7所示的结果中，当 $\delta\geqslant34$ 时，召回率要么为1，要么为0，要么不存在的极端情况。

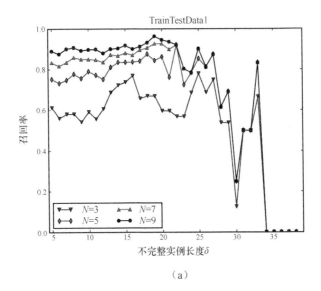

（a）

**图3-7 推荐列表TopN的大小 $N$ 对召回率的影响。横坐标表示不完整实例的长度 $\delta$，纵坐标表示召回率。子图3-7（a）是在数据TrainTestData1上得到的实验结果；子图3-7（b）是在数据TrainTestData2上得到的实验结果**

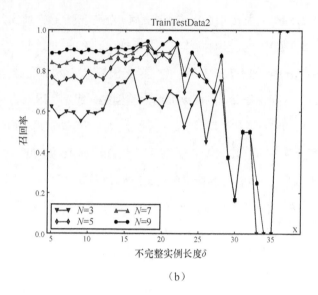

图 3-7　推荐列表 TopN 的大小 N 对召回率的影响。横坐标表示不完整实例的
长度 δ，纵坐标表示召回率。子图 3-7（a）是在数据 TrainTestData1 上得
到的实验结果；子图 3-7（b）是在数据 TrainTestData2 上得到的实验结果
（续）

因为 TopN 推荐列表中活动出现的顺序是按其在集合 $C_{a,\tilde{w}}$ 出现的
频率由高到低排序的，所以 N 取值过大时，相对不重要的活动在
TopN 推荐列表中出现的机会就更多。因此，不能选取过大的 N 值，
这在推荐系统研究领域已达成共识。对于本章后面的实验，我们取
N = 7。

从图 3-7 我们看出，当不完整实例的长度较长时（δ ≥ 29），算法
的召回率基本上比较低，推荐效果不理想；而长度较短时（δ < 29），

不论 $N$ 取值为多少，召回率都能维持在一个较高的水平上。这是因为数据集 $DS5000_{w_1}$ 中长度较长的实例所占的比例太小，造成向长度较长的不完整实例推荐时所依据的完整实例数量偏少。那么，当实例库的规模增加时，算法向长度较长的不完整实例推荐的召回率是否会改善呢？

我们利用工具 PLG 按照前面讲述的数据预处理方法，分别生成了 $N_{DS} = 3000$、5000、7000 和 9000 的四个数据集 $DS3000_{w_1}$、$DS5000_{w_1}$、$DS7000_{w_1}$、$DS9000_{w_1}$，在固定 $N = 7$ 的情况下，分别对每个数据集随机选择实例库 $W$ 10 次，计算它们各自在 $\delta = 5, 6, \cdots, 38$ 下的召回率，最后对这 10 次的计算结果求平均值，所得到的结果如图 3-8 所示。

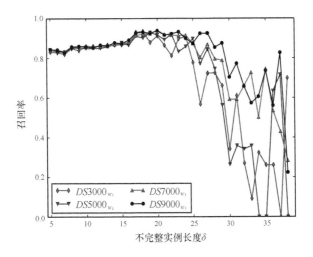

**图 3-8　分别在数据集 $DS3000_{w_1}$、$DS5000_{w_1}$、$DS7000_{w_1}$、$DS9000_{w_1}$ 上进行 10 次随机选择实例库 $W$，再对这 10 次结果求平均而得到的召回率对比**

从图 3-8 中可以看出，当不完整实例的长度小于 25 时，召回率随着数据规模的增大并没有明显的改善，而是保持相对稳定。这一点容易理解，因为无论这四个数据集中的哪一个，长度较短的实例数量都相对比较多。当不完整实例的长度大于 25 时，召回率则随着数据规模的增大而改善，以数据集 $DS9000_{w_1}$ 的召回率最好。这是因为数据规模增大，长度较长的实例在 $W$ 中的数量会随之增加，因而向长度较长的不完整实例推荐时所依据的信息就丰富，召回率也随之上升。但我们发现，在数据集 $DS3000_{w_1}$ 上 10 次随机选的数据上，$\delta=34$、35、36、37、38 时都有构造不出来不完整实例的情况，计算召回率的平均值时并没有将它们考虑在内。

最后，再来比较一下本章算法与 PTM、CM 算法的推荐效果。我们对数据集 $DS5000_{w_1}$ 做一次随机选择实例 $W$，得到训练、测试数据的打包 TrainTestData3。在 TrainTestData3 上我们比较了本章算法 UTNBARec 与算法 PTM、CM 的推荐召回率，其中，算法 PTM 的参数——视窗（horizon）取值为 2，算法 CM 的参数——块大小（chunk size）取值也为 2。它们的比较结果参见图 3-9。

图 3-9 中的 "X" 表示构造不出长度为 38 的不完整实例。从图中可以看出，当 $\delta<23$ 时，算法 UTNBARec 的推荐效果明显好于算法 PTM 和 CM，其中 $\delta=19$、22 时与算法 CM 持平，最好时它的召回率与 PTM 的相差 0.1，而大部分情况下与 CM 的相差比较多；特别当 $\delta<19$ 时，算法 CM 要比 UTNBARec、PTM 的召回率差得多，最多时相差 0.2；当 $\delta \geqslant 23$ 时，算法 UTNBARec 的推荐召回率要差

于算法PTM和CM。从图3-4所示的数据集$DS5000_{w_1}$的实例序列的长度分布可知，长度较长（$\delta \geqslant 23$）的实例在数据集中所占的比例偏少，而UTNABRec使用用户类别近邻的方法筛选相似的实例，此情况下实例数量本来就少，再去除一大批，这会错误地将真正执行的活动筛选出去；而算法PTM、CM不受用户类别的影响，相比UTNBARec来说，推荐时考虑和参考了比较多的完整实例信息，再加上它们本身的筛选相似实例的方法，因此，$\delta \geqslant 23$时它们的召回率比较高。当$\delta < 23$时，$DS5000_{w_1}$中这些长度的实例比较多，使得算法UTNBARec不受实例信息匮乏的影响，而此时PTM、CM则由于考虑了过多的实例而受到噪声的干扰，最终造成图3-9所示的实验结果。

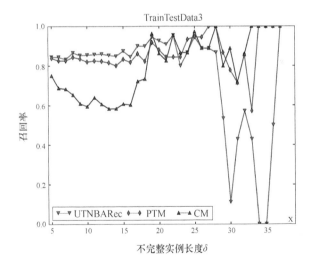

**图3-9　在数据集$DS5000_{w_1}$的一次随机选择实例库$W$而得到的 TrainTestData3上，算法UTNBARec与算法PTM、CM的推荐召回率对比**

# 3.6 本章小结

本章提出了一个新的活动推荐算法——基于用户类别近邻的活动推荐算法UTNBARec，利用事先积累的历史实例库信息，向当前不完整实例推荐其下一项可能执行的活动。该算法假定每个实例都附带用户类别信息，并且推荐前算法仅有历史实例库信息。用户类别信息可以是流程管理系统运转过程中自动计算出来的，也可以是使用本章算法前对实例信息预处理而得到的。为增加推荐结果中活动的多样性，将不完整实例的下一项可能执行活动的搜索范围扩大到其他用户类别的实例上，我们设计了算法ComputeUTSim，用来计算用户类别间的相似性。因为实例库中实例的增加相对缓慢，所以算法ComputeUTSim采用离线计算方式，为算法UTNBARec提供用户类别相似性信息。

我们利用公开的仿真数据集生成工具，随机产生了一个模型，并以该模型为基础生成了本章实验所用的数据集。我们测试了TopN推荐列表的$N$值对推荐结果的影响，得到的结果：当$\delta<29$时，召回率随$N$的增大而增大；当$\delta \geqslant 29$时，召回率并不随$N$明显改变。我们又试验了不同规模的数据集对推荐结果的影响，发现：当$\delta<25$时，召回率不随数据规模的增大而明显改善，而是保持相对稳定；当$\delta \geqslant 25$时，召回率则随数据规模的增大而改善。最后，我们对比了本章算法与PTM、CM筛选相似实例算法的推荐效果，实验结果

是，当$\delta < 23$时，本章算法明显好于 PTM、CM。以上实验结果说明：实例库中实例的数量越多，本章算法的推荐效果越好。

　　本章算法的不足之处是假定了每个实例都附带一个用户类别信息，同时对数据集构造用户类别的算法需进一步改善。用聚类等机器学习的算法构造实例的用户类别将是未来的工作方向。另外，本章实验数据的生成基于模型$\mathcal{W}_1$，其选择分支、循环分支、顺序结构各占一定的比例，但循环分支所占比例偏小，造成生成的数据集中长度较长的实例所占比例偏小，而在长度较长实例上的推荐效果正是本章算法需提高的地方。未来将用循环分支比重大的模型、选择分支比重大的模型等分别生成数据集，分别测试本章算法的推荐效果，并改进算法以提高不完整实例长度较长时的推荐效果。

第
4
章

# 基于 Pearson 相关系数的活动推荐算法

Pearson 相关系数在基于近邻的协同过滤技术中被广泛用来度量用户间的相似性。类似地，也可以从实例库中抽取出每个实例的数量指标，用 Pearson 相关系数度量实例间的相似性，以此为基础构造出当前不完整实例的推荐列表。本章将每个实例看成一个活动序列，并未考虑用户类别等其他额外信息，提出了基于 Pearson 相关系数的活动推荐算法——*flowRec* 和 *flowRecK*，前者仅仅推荐出一项最有可能的活动，后者推荐出含 *k* 项活动的列表。

# 4.1　本章概要

上一章介绍的算法利用用户类别近邻的概念进行工作流活动推荐，考虑了两个实例的用户类别信息和已经执行过的公共活动信息。公共活动是利用字符串匹配的方式求出的，其中不涉及任何数值计算。本章要介绍一种新的推荐方法，它借鉴了推荐系统领域的协同过滤技术，在此基础上使用了新的相似度计算方法。为了聚焦于所研究算法的相似度计算，本章不考虑工作流实例的最终用户的类别信息。

由于工作流实例是由活动名称构成的序列，为了运用协同过滤技术中的相似度计算方法，本章首先需要将所有实例转化成数值形式，找出所有可能出现的活动名称，作为列属性，以实例中活动出现的顺序作为数值，如果实例中某个活动出现多次，则该活动属性对应多个数值，于是每个实例可转化为一个集合，其元素可能是数值，也可能是数值的集合；然后，在转化后的不完整实例和完整实例数值集合基础上计算二者的相似度；最后，将实例库中与不完整实例相似度高的完整实例中的相应活动推荐出来。

测试本章算法时，将整个实例库转化成一个矩阵（其元素可能包含多个数值，本章仍称之为矩阵），矩阵的行对应一个完整实例转化后的集合，这相当于推荐系统领域一个用户对各个项目的评分；矩阵的列对应一个活动，所以列构成可能执行活动的集合，这相当于推荐系统领域的产品项目；然后用随机的方法从上述矩阵中选出1/3 的行作为测试数据，其余行作为训练数据。实验结果及对比分析表明，本章提出的推荐算法是可行的和有效的。

# 4.2 问题描述

假定对某业务流程来说，所有可能执行活动的集合为 $\mathcal{A} = \{a_1, a_1, \cdots, a_n\}$，将一个工作流实例定义为有顺序的活动序列，记为 $e_i \equiv \langle a_{i_1}, a_{i_2}, \cdots, a_{i_k} \rangle$，其中 $a_{i_j} \in \mathcal{A}$，$j = 1, 2, \cdots, k$，同一活动允许在实例中多次出现。进一步假定：所有可能执行的活动是确定的，即集合 $\mathcal{A}$ 是确定的，而工作流实例可能违反该业务模型。对一个完整实例来说，它的首活动和尾活动分别称为开始活动和结束活动，满足通常工作流模型中对开始活动和结束活动的定义。假定 $E$ 是由 $m$ 个完整工作流实例构成的实例库，记为 $E = \{e_1, e_2, \cdots, e_m\}$，它是多重集合，即某个完整实例可以在 $E$ 中出现多次；$\check{e} = \langle a_{i_1}, a_{i_2}, \cdots, a_{i_\delta} \rangle$ 为一不完整实例，其中活动 $a_{i_\delta}$ 不满足模型结束活动定义，$\delta$ 是 $\check{e}$ 的长度。我们的问题定义：

**问题4.1**　给定 $E$ 和 $\check{e}$，如何向 $\check{e}$ 推荐其下一项可能执行的活动 $a_{i_{\delta+1}}$。

# 4.3　推荐方法

## 4.3.1　数据格式的转化

为利用协同过滤技术中数值形式的相似度计算方法，必须首先将 $E$ 中完整实例信息转化成数值形式，在此我们将其转化成矩阵形式。矩阵的行对应 $E$ 中一个完整实例，矩阵的列对应集合 $\mathcal{A}$ 中的一个活动，矩阵元素是某个完整实例中某个活动出现的顺序值。由于工作流模型可能包含循环分支，因此 $E$ 中由模型产生的那些完整实例对应的活动序列中，某些活动可能会重复出现，进而导致矩阵元素不是一个数量值，而是多个数量值的集合。下面详细介绍如何将 $E$ 转化成该矩阵形式 $\mathcal{M}$。

首先扫描实例库 $E$，抽取出所有可能出现的活动名称；对这些活动名称排序，把它们作为矩阵 $\mathcal{M}$ 的列属性，具体如何排序不影响最终的推荐结果。于是确定了矩阵的列和列数。然后，依次根据 $E$ 中每个完整实例确定 $\mathcal{M}$ 中每行元素，将实例中各个活动出现的先后顺序值作为该行对应活动列的元素值；如果某活动在该实例中多次出现，则将该活动所有出现的顺序值都作为 $\mathcal{M}$ 中对应元素的元素值。一个数据格式转化的例子如图 4-1 所示。图中集合 $\mathcal{A} = \{a_1, a_2, \cdots, a_7\}$，并按 $a_1, a_2, \cdots, a_7$ 的顺序作为转化后矩阵的列属性，活动 $a_1$ 和 $a_7$ 分别是开始活动和结束活动。由于活动 $a_2$ 在第一个完整实例中出现了两次，矩阵第一行第二列的元素上有两个数值，即 2 和 6，含义为活动 $a_2$ 在第一个完整实例中分别以第 2 顺序和第 6 顺序出现。

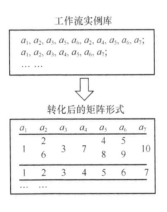

**图4-1　一个数据格式转化的例子**

按上述步骤处理完实例库 $E$ 后，即得到矩阵 $\mathcal{M}$。严格地说，$\mathcal{M}$ 并不是通常意义下的矩阵，因为它的元素可能包含多个数值，但为了方便，本章中仍称之为矩阵。描述数据格式转化的算法 dataTransfer($E$) 见算法4.1。

**算法4.1　数据格式转化算法 dataTransfer($E$)**

Input: 工作流实例库 $E$

Output: 矩阵 $\mathcal{M}$

1　扫描 $E$，确定 $\mathcal{A}$
2　对 $\mathcal{A}$ 中活动排序，得序列 $A = \langle a_1, \cdots, a_n \rangle$
3　**for** $i \leftarrow 1$ *to* $|E|$ **do**
4　　**for** $j \leftarrow 1$ *to* $n$ **do**
5　　　**if** 活动 $a_j$ 在 $E$ 的第 $i$ 个实例中没有出现 **then**
6　　　　$M_{ij} \leftarrow 0$
7　　　**else**
8　　　　将活动 $a_j$ 在第 $i$ 个实例中出现的所有顺序值按照从小到大的顺序赋给元素 $M_{ij}$
9　　　**end**
10　　**end**
11　**end**
12　**return** $\mathcal{M}$

算法4.1中，$M_{ij}$ 表示矩阵 $\mathcal{M}$ 第 $i$ 行第 $j$ 列的元素，$|E|$ 表示实例库 $E$ 包含的实例数量。如果 $E = \{e\}$，即它只包含一个实例，那么算法 dataTransfer($\{e\}$) 返回的矩阵 $\mathcal{M}$ 就只有一行。此情况下为了方便，我们将 dataTransfer($\{e\}$) 简写为 dataTransfer($e$)。假定 $|E| = m, |\mathcal{A}| = n$，那么矩阵 $\mathcal{M}$ 的形式为：

$$\mathcal{M} = \begin{pmatrix} M_{11} & M_{12}, & \cdots & M_{1n} \\ M_{21} & M_{22}, & \cdots & M_{2n} \\ \cdots & \cdots & \cdots & \cdots \\ M_{m1} & M_{m2}, & \cdots & M_{mn} \end{pmatrix}, \tag{4-1}$$

其中，元素 $M_{ij}$ 可能为一个非负整数，也可能为非负整数的集合。

# 4.3.2 推荐算法

根据本章的工作流活动推荐场景及生成正常实例的工作流模型（将在4.4.1小节介绍）可知，由 $E$ 经算法 dataTransfer($E$) 转化产生的矩阵 $\mathcal{M}$ 不是稀疏的。因为本章的推荐是工作流活动的推荐，所有正常实例都遵从同一工作流模型，它们活动序列中包含的活动差别不会太大；另外按照4.4.1小节介绍的方法生成的异常实例，即违反工作流模型的实例，出现的数量较少，且包含的活动来自集合 $\mathcal{A}$，最终对矩阵 $\mathcal{M}$ 是否为稀疏影响也不大。于是当 $\mathcal{M}$ 不稀疏时，我们可以采用 Pearson 相关系数来计算两个实例 $e_1$ 和 $e_2$ 的相似度，而不采用稀疏矩阵时的 Cosine 公式计算。因矩阵 $\mathcal{M}$ 中元素 $M_{ij}$ 可能含多个数值，不能直接使用 Pearson 公式，为此需对 $\mathcal{M}$ 中与实例 $e_1$、$e_2$ 对应的两行数据扁平化，即使这两行中每个元素都只含一个数值。下面详细介绍扁平化操作。注意，该操作不针对矩阵 $\mathcal{M}$ 中孤立的行，只有当需计算相似度的两行都确定时，才能进行扁平化操作。

令 $e_1$ 和 $e_2$ 为两个工作流实例，$A_1$ 和 $A_2$ 分别为它们各自所包含的活动名称集合，于是 $A_1 \cap A_2$ 就是实例 $e_1$ 和 $e_2$ 中共同出现的活动名称集合；用 dataTransfer($e_1$)$|_{A_1 \cap A_2}$ 表示从 $e_1$ 转化后的那行数据中取出 $A_1 \cap A_2$ 属性列对应的数值所构成的行数据，dataTransfer($e_2$)$|_{A_1 \cap A_2}$ 同理。行数据 dataTransfer($e_1$)$|_{A_1 \cap A_2}$、dataTransfer($e_2$)$|_{A_1 \cap A_2}$ 中的元素仍可能包含多个数值，因此需对它们进行扁平化处理。假定：

$$\text{dataTransfer}(e_1)|_{A_1 \cap A_2} = (X_1, X_2, \cdots, X_i, \cdots, X_k),$$
$$\text{dataTransfer}(e_2)|_{A_1 \cap A_2} = (Y_1, Y_2, \cdots, Y_i, \cdots, Y_k), \qquad （4\text{-}2）$$

其中，$X_i$ 和 $Y_i$ 分别是实例 $e_1$ 和 $e_2$ 转化后的行数据中同一活动列对应的元素，$i = 1, 2, \cdots, k$。接下来我们分几种情况讨论如何扁平化公式（4-2）中的数据。

（1）如果 $X_i$ 仅含一个数值 $\{x_{i1}\}$，$Y_i$ 也仅含一个数值 $\{y_{i1}\}$，那么取 $X_i \equiv x_{i1}$，$Y_i \equiv y_{i1}$。

（2）如果 $X_i$ 含多个值 $\{x_{i1}, x_{i2}, \cdots, x_{ip}\}$，$Y_i$ 仅含一个值 $\{y_{i1}\}$，则从集合 $X_i$ 中找出与 $y_{i1}$ 最接近的那个值，作为 $X_i$ 扁平化后的值，$Y_i$ 不需扁平化，即：

$$j^* = \arg \min_{j=1,2,\cdots,p} | x_{ij} - y_{i1} |,$$

取 $X_i \equiv x_{ij^*}$，$Y_i \equiv y_{i1}$。

（3）如果 $Y_i$ 含多个值 $\{y_{i1}, y_{i2}, \cdots, y_{iq}\}$，$X_i$ 仅含一个值 $\{x_{i1}\}$，则按第（2）条的方法进行处理。

（4）如果 $X_i$ 含多个值 $\{x_{i1}, x_{i2}, \cdots, x_{ip}\}$，$Y_i$ 也含多个值 $\{y_{i1}, y_{i2}, \cdots, y_{iq}\}$，则找出下标 $t \leqslant \min(p, q)$，使得 $\forall 1 \leqslant j < t$，有 $x_{ij} = y_{ij}$，但 $x_{it} \neq y_{it}$，此时取 $X_i \equiv x_{it}$，$Y_i \equiv y_{it}$；如果不存在上述的 $t$，但 $\forall 1 \leqslant j \leqslant \min(p, q)$，有 $x_{ij} = y_{ij}$，则取 $X_i \equiv x_{i \min(p, q)}$，$Y_i \equiv y_{i \min(p, q)}$。

对一个未扁平化的数据 $(X_1, X_2, \cdots, X_i, \cdots, X_k)$，用符号

$$flat((X_1, X_2, \cdots, X_i, \cdots, X_k))$$

表示对其扁平化的结果。上述扁平化处理为采用 Pearson 相关系数计算两个实例 $e_1$ 和 $e_2$ 间的相似度创造了条件，它们的相似度按下式计算：

$$sim(e_1, e_2) = Pearson(flat(\text{dataTransfer}(e_1)|_{A_1 \cap A_2}),$$
$$flat(\text{dataTransfer}(e_2)|_{A_1 \cap A_2})). \quad (4\text{-}3)$$

若用 $\boldsymbol{x} = (x_1^f, x_2^f, \cdots, x_k^f)$ 和 $\boldsymbol{y} = (y_1^f, y_2^f, \cdots, y_k^f)$ 表示两个扁平化后的数据，那么公式（4-3）中 Pearson 函数计算方式如下：

$$Pearson(\boldsymbol{x}, \boldsymbol{y}) = \frac{\sum_{i=1}^{k}(x_i^f - \overline{x}^f)(y_i^f - \overline{y}^f)}{\sqrt{\sum_{i=1}^{k}(x_i^f - \overline{x}^f)^2} \cdot \sqrt{\sum_{i=1}^{k}(y_i^f - \overline{y}^f)^2}}, \quad (4\text{-}4)$$

例如，对图 4-1 所示的两个实例对应的矩阵行扁平化后分别得到 (1, 2, 3, 7, 4, 5, 10) 和（1, 2, 3, 4, 5, 6, 7），于是按照公式（4-3）这两个实例的相似度为 0.8458。

在上述基础上，我们接着讨论如何向一个不完整实例 $\check{e} = \langle a_{i_1},$ $a_{i_2}, \cdots, a_{i_\delta} \rangle$ 推荐其下一项可能执行的活动。借鉴 kNN 思想[83]，首先利用公式（4-3）从 $E$ 中找出与 $\check{e}$ 最相似的 $k$ 个完整实例，记为 $kNN$ $(\check{e})$；然后，从这 $k$ 个完整实例中找出相对于 $\check{e}$ 的下一项活动。寻找过程：对于某个完整实例 $e_i \in kNN$ $(\check{e})$，如果其长度大于 $l$，则从它的活动序列中取出排序在 $l+1$ 的那项活动，此活动是 $\check{e}$ 的下一项可能执行的活动，记为 $na(e_i, \check{e})$；对所有 $e_i \in kNN$ $(\check{e})$，都找出 $na(e_i, \check{e})$，得到 $\check{e}$ 的下一项可能执行活动的集合，记为 $na(kNN$ $(\check{e}), \check{e})$。从该集合中找出出现频率最高的那项活动，将其推荐给 $\check{e}$。对某项活动 $a_i \in na(kNN$ $(\check{e}), \check{e})$，如果用 $Freq(a_i)$ 表示它在集合 $na(kNN$ $(\check{e}), \check{e})$ 中出现的频率，

那么利用实例库 $E$ 向 $\check{e}$ 推荐的下一项可能执行活动 $P_E(\check{e})$ 为：

$$P_E(\check{e}) = \arg \max_{a_i \in na(kNN(\check{e}), \check{e})} Freq(a_i). \qquad (4\text{-}5)$$

上述推荐过程 $flowRec(E, \check{e})$ 的描述见算法 4.2。它首先对实例库 $E$ 和不完整实例 $\check{e}$ 进行数据格式转换；然后分别对 $\check{m}$ 与矩阵 $\mathcal{M}$ 的行数据 $M_i$ ($i = 1, 2, \cdots, m$) 做如下运算：取出它们公共活动列对应的元素值，将这些值按原顺序作为新的行数据，再进行扁平化处理，然后计算它们的 Pearson 相关系数 $p$；最后将 $p$、$E$ 中与 $M_i$ 对应的 $e_i$ 一起作为二元组添加到集合 $S$ 中。之所以将 $p$ 和 $e_i$ 一起添加到 $S$ 中，是为了方便计算 $\check{e}$ 的下一项可能执行活动的集合 $na(kNN(\check{e}), \check{e})$。如果 $m$ 和 $n$ 分别为矩阵 $\mathcal{M}$ 的行和列的数量，且矩阵 $\mathcal{M}$ 中每个元素至多包含 $k$ 个数值，那么算法 4.2 在最坏情况下的时间复杂度为 $O(m \cdot n \cdot k)$。

**算法 4.2　推荐算法 $flowRec(E, \check{e})$**

**Input:** 实例库 $E$，不完整实例 $\check{e}$
**Output:** 向 $\check{e}$ 推荐的活动 $P_E(\check{e})$

1　　$\mathcal{M} = dataTransfer(E)$
2　　$\check{m} = dataTransfer(\check{e})$
3　　令 $S = \{\}$
4　　**for** $i \leftarrow 1$ **to** $m$ **do**
5　　　　取出 $\mathcal{M}$ 中的第 $i$ 行数据 $M_i$
6　　　　计算 $M_i|_{A_i \cap \check{A}}$ 和 $\check{m}|_{A_i \cap \check{A}}$
7　　　　计算 $M_i^f = flat(M_i|_{A_i \cap \check{A}})$ 和 $\check{m}^f = flat(\check{m}|_{A_i \cap \check{A}})$
8　　　　计算 $p = Pearson(M_i^f, \check{m}^f)$
9　　　　将 $(p, e_i)$ 添加到 $S$
10　　**end**
11　　利用 $S$ 确定集合 $kNN(\check{e})$
12　　计算 $na(kNN(\check{e}), \check{e})$
13　　计算 $P_E(\check{e}) = \arg \max_{a_i \in na}(kNN(\check{e}), \check{e}) Freq(a_i)$
14　　**return** $P_E(\check{e})$

算法 4.2 *flowRec*(*E*, *ě*) 的推荐结果是下一项可能的活动，这是显然的，因为我们不能将没有任何意义的数量化的值推荐给用户，用户关心的是下一步要怎样做。Linden 等人也指出，推荐用户感兴趣的结果而不是用户对商品的评分更符合实际的应用需求。另外，算法 *flowRec*(*E*, *ě*) 的推荐结果只有一个，可是，推荐系统往往会推荐多个结果供用户选择，这就是推荐系统中常常说的 TopN 推荐。类似地，我们可将算法 4.2 的第 12 行去掉，使它的返回值为 *na*(*kNN* (*ě*), *ě*)，也就是使算法返回含 *k* 项活动的集合，以供当前不完整实例的用户从该集合中选择一项最适合的活动，尽管后面的实验中忽略了用户这一因素。我们将这个改动后的算法记为 *flowRecK*(*E*, *ě*)。

# 4.4　实验方法及结果分析

## 4.4.1　实验数据

我们编写了一个 C++ 程序 DataGen，用于产生本章实验所需要的仿真数据集：实例库 *E*。产生 *E* 的过程如下：首先手工设计一个足够复杂的工作流模型（参见图 4-2）；然后遵照该模型随机生成 *m*−*r* 个正常实例，其中 *m* 表示 *E* 中完整实例的数量，*r* 表示 *E* 中异常实例的数量；最后，以随机的方式产生 *r* 个异常实例，作为图 4-2 所示工作流模型的"流程违反",并将这 $r$ 个实例随机插入上述 $m-r$ 个正常实例中。最终生成的实例库 $E$ 包含 $m$ 个完整实例。我们按照上述方法分别生成了 $m = 3000$、5000、7000、9000、11000、13000 的数据集,其中每个数据集都设置 $r = m \times 95\%$,分别记它们为 $DS3$、$DS5$、$DS7$、$DS9$、$DS11$、$DS13$。

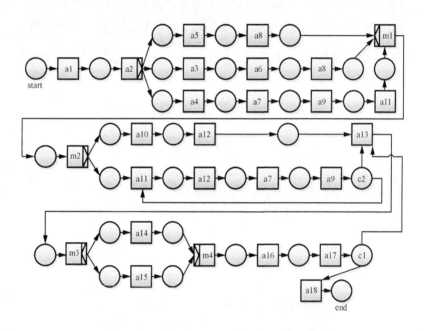

**图4-2 一个用于生成工作流执行实例信息的工作流模型**

图4-2所示的模型采用第2章中介绍的工作流网描述,库所 $c1$、$c2$ 是"符号命名",存放的是条件,标出它们的名称是为了指明迭代结构,产生实例序列时它们不出现;其他的库所对产生实例序列没有影响,在此也没标出它们的名称。该模型共含有18个真正要执行

的任务，为a1到a18；其他的任务m1、m2和m3是人为添加的管理任务，它们一般不对应具体的工作，只是为了表达一些分支类型。例如，管理任务m3的存在，能够使任务a14和a15并行执行。模型中含有2个OR-split（a2和m2）、一个显式的OR-join（m1）、一个隐式的OR-split（c1）、一个AND-split（m3）以及一个AND-join（m4）。模型中还含有两个迭代结构，一个为c2到任务a11，另一个为c1到任务a13。

图4-2所示的模型采用文献[84]中图的表示方式，作为程序DataGen的输入；DataGen根据该模型中活动走向关系，以随机的方式确定OR-split的下一个走向，对于AND-split，以随机方式确定该AND-split后面所有任务的顺序，以该顺序将这些任务输出，直到到达结束活动a18，这样就构造了一个完整实例。图4-2所示的模型仅仅考虑了控制流（control-flow)，因为无论是加上时间约束的模型，还是加上资源约束的模型，DataGen产生的完整实例都是一个活动序列。

## 4.4.2 实验方法及结果分析

为验证算法 *flowRec* 和 *flowRecK* 的有效性并评价二者的推荐效果，我们用 Python 语言实现了这两个算法。下面所有的实验均在内存为2GB、CPU为Intel双核主频为2.8GHz、操作系统为Ubuntu

Kylin 14.04的电脑上运行。

现在介绍训练数据和测试数据的划分方法及算法效果的评价指标。从实例库$E$中随机选取$m/3$个实例作为测试数据$E_{Test}$，余下部分作为训练数据。因$E_{Test}$中都是完整实例，它们不需活动推荐，所以我们需从$E_{Test}$中构造不完整实例。令$\delta$表示一个不完整实例的活动序列长度，为避免推荐过程中的冷启动问题（cold-start problem）[85, 86]，本章规定$\delta>3$。由$E_{Test}$构造长度为$\delta$的不完整实例的方法：依次处理$E_{Test}$中每个完整实例，如果其长度大于$\delta$，则从它的开始活动开始，按顺序截取长度为$\delta$的子序列，将该子序列作为一个不完整实例添加到集合$\check{E}_{Test}^{\delta}$中。符号$\check{E}_{Test}^{\delta}$表示从数据集$E_{Test}$中构造出的长度为$\delta$的不完整实例集合。图4-3所示为一个由完整实例构造不完整实例的例子。例中完整实例取自图4-1所示的例子，构造的两个不完整实例的长度分别为6和4。为了更好地评测算法的推荐效果，分别生成了$\delta$为4,5,6, …, 17的不完整实例测试集$\check{E}_{Test}^{\delta}$。

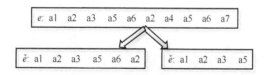

图4-3　由一个完整工作流实例$e$生成不完整工作流实例举例

我们采用推荐系统中的hit ratio[80, 87]作为本章算法的评价指标。具体到本章所述场景，令$\check{e}^{\delta}$为一长度为$\delta$的不完整实例，$e$是用于构

造 $\check{e}^\delta$ 的完整实例，根据上述不完整实例构造方法，我们可以通过 $e$ 确定 $\check{e}^\delta$ 的真正的下一项执行活动，记该活动为 $tna(\check{e}^\delta)$。对于测试用例 $\check{e}^\delta$ 来说，如果 $P_E(\check{e}^\delta) = tna(\check{e}^\delta)$，则称它为向 $\check{e}^\delta$ 推荐的一次 hit。于是用于评价算法 *flowRec* 的 hit ratio 的计算方法为：

$$hr_{flowRec}(k,\delta) = \frac{|\{\check{e}^\delta \in \check{E}^\delta_{Test} \mid P_E(\check{e}^\delta) = tna(\check{e}^\delta)\}|}{|\check{E}^\delta_{Test}|}. \qquad （4\text{-}6）$$

对算法 *flowRecK* 来说，由于它推荐的是一个活动集合，因此其 hit ratio 的计算方法与公式（4-6）稍微不同。对于一个不完整实例 $\check{e}^\delta$，如果算法 *flowRecK* 返回的推荐结果集合 $na(kNN(\check{e}^\delta), \check{e}^\delta)$ 中含有 $\check{e}^\delta$ 真正要执行的下一项活动 $tna(\check{e}^\delta)$，那么就称该集合为向 $\check{e}^\delta$ 推荐的一次 hit，于是用于评价算法 *flowRecK* 的 hit ratio 的计算方法如下：

$$hr_{flowRecK}(k,\delta) = \frac{|\{\check{e}^\delta \in \check{E}^\delta_{Test} \mid tna(\check{e}^\delta) \in na(kNN(\check{e}^\delta), \check{e}^\delta)\}|}{|\check{E}^\delta_{Test}|}. \qquad （4\text{-}7）$$

注意公式（4-7）中 hit ratio 的定义与通常推荐系统中的不同，该式中自变量不仅包含通常推荐系统中的 $k$，即向用户返回的推荐结果为 $k$ 个，而且也包含当前需要推荐的不完整实例的长度 $\delta$；公式（4-6）中的 $k$ 指的是算法找出与不完整实例相似度最高的 $k$ 个完整实例。

为评价算法 *flowRec* 和 *flowRecK* 在不同数据集下的推荐效果，假设 $k = 20$，我们比较了它们在数据集 $DS3$、$DS5$、$DS7$、$DS9$、$DS11$、$DS13$ 上进行推荐的 hit ratio 情况，结果如图 4-4 所示。图中横坐标是不完整实例的长度，纵坐标是 hit ratio。从图中可以看出，当 $\delta<11$，

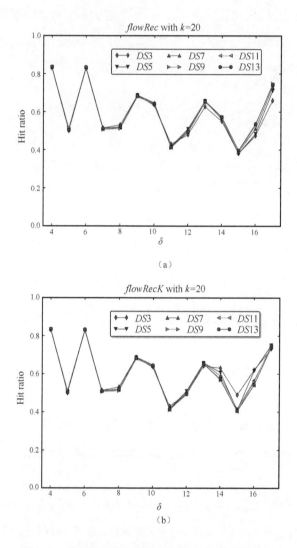

图4-4　固定 $k = 20$，算法 *flowRec* 和 *flowRecK*

在不同数据集下的 hit ratio 对比

这两个算法的推荐效果对不同的数据集不敏感，而当 $\delta \geqslant 11$ 时，hit ratio 出现波动。当 $\delta > 11$ 时，算法 $flowRec$ 的推荐效果随着数据规模的增大而有所改善；而算法 $flowRecK$ 则表现出相反的情况，其推荐效果随着数据规模的增大而变差。这是因为算法 $flowRecK$ 受 $k$ 的影响比较大，而此时 $k$ 是固定的，从而导致数据规模小时，公式（4-7）中的分母小而分子大，推荐效果就好；数据规模大时，公式（4-7）中的分母变大，分子由于 $k$ 没有变化而保持相对稳定，推荐效果就变差。由于这两个算法的推荐效果受数据规模变化方向不同的影响，我们采取折中处理，在后面实验对比中采用数据集 $DS7$。

再来看算法 $flowRec$ 和 $flowRecK$ 在不同 $k$ 值下的 hit ratio 对比，结果如图 4-5 所示。与上述情况类似，当 $\delta < 11$ 时，二者的 hit ratio 都不随 $k$ 发生变化；当 $\delta \geqslant 11$ 时，它们的 hit ratio 才随 $k$ 发生变化。二者 hit ratio 的变化趋势仍是反向的：算法 $flowRec$ 的 hit ratio 随着 $k$ 的增加而降低，算法 $flowRecK$ 的 hit ratio 随着 $k$ 的增加而提高。因算法 $flowRec$ 采用集合 $na(kNN\,(\check{e}),\,\check{e})$ 中出现频率最大的那项活动作为推荐结果，当 $k$ 值增加时，该集合中的非真正要执行的下一项活动的频率就可能会超过真正要执行的下一项活动的频率，进而造成公式（4-6）的分子变小，所以算法 $flowRec$ 的 hit ratio 随着 $k$ 的增加而降低。算法 $flowRecK$ 的 hit ratio 的变化趋势较容易理解，随着 $k$ 的增大，集合 $na(kNN\,(\check{e}),\,\check{e})$ 会包含更多的真正要执行的下一项活动，进而使 hit 数量增加。

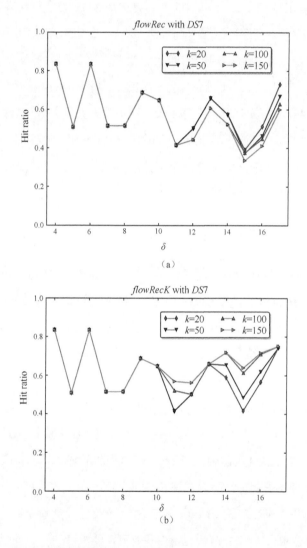

图4-5 固定数据集为 *DS*7，算法 *flowRec* 和 *flowRecK*

在不同 *k* 下的 hit ratio 对比

接着比较算法 *flowRec* 和 *flowRecK* 的运行时间，同样，我们设 $k = 20$，令 $\delta$ 取遍集合 $\{4, 5, \cdots, 17\}$ 中的值。图4-6所示为二者在不同的数据集上完成推荐所花费的时间对比。图4-6中曲线上点的纵坐标值表示：算法 *flowRec* 采用横坐标上某个数据集，运行完测试数据分别为 $\check{E}_{Test}^{\delta}(\delta = 4, 5, \cdots, 17)$ 所花费的时间，减去算法 *flowRecK* 在同样情况下所花费的时间而得到的差（单位为秒）。从图4-6中可以看出，算法 *flowRec* 仅在数据集 $DS7$、$DS13$ 上用的时间比算法 *flowRecK* 少，其余都比算法 *flowRecK* 多。由此表明大部分情况下算法 *flowRec* 的运行时间多于算法 *flowRecK*，这是因为 *flowRec* 多了一步计算集合 $na(kNN(\check{e}), \check{e})$ 中活动频率的操作。

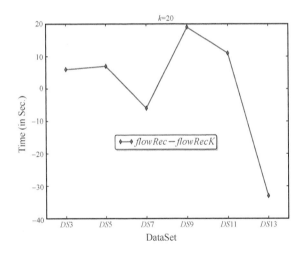

**图4-6  算法 *flowRec* 和 *flowRecK* 在不同数据集下运行的时间差**

最后，我们对比算法 *flowRec*、*flowRecK* 与文献[50]提出的算法

*FlowRecommender*的推荐效果，评价指标仍是hit ratio。基于前面的讨论，实验采用的数据集为*DS*7，算法*flowRec*、*flowRecK*的参数*k*设置为100。为了保证对比的公平性，算法*FlowRecommender*也采用Python语言实现，并在同样的平台上运行。由于文献[50]没有给出算法*FlowRecommender*的最优参数设置，这里基于我们对算法*FlowRecommender*实验过程中参数的优化调整，将该算法的相关参数设置如下：置信阈值（confidence threshold）$\sigma_{conf} = 0.7$，子序列匹配的最大后向位置（maximum backward location）$K = 3$，距离阈值（distance threshold）$\sigma_d = 0.3$。算法*FlowRecommender*不受本章算法参数*k*的影响，因为它用模式表进行推荐，每次推荐出的结果列表集合中元素数量不固定。因*FlowRecommender*的推荐结果为多个，所以它的hit ratio按公式（4-7）计算。

此外，为更细致地查验本章算法的推荐效果，我们又用Python语言实现了随机推荐算法*ranRec*：从实例库*E*中随机选出一个完整实例*e*；如果*e*的长度大于$\check{e}^{\delta}$的长度$\delta$，则将*e*的活动序列中第$\delta+1$项活动添加到集合$na(\check{e}^{\delta})$中；重复上述过程，直到集合$na(\check{e}^{\delta})$中含有*k*项活动为止；然后从这*k*项活动中随机选出一项活动，将其推荐给$\check{e}^{\delta}$。算法*ranRec*的参数*k*同样设置为100。因算法*ranRec*的推荐结果只有一个，所以其hit ratio按公式（4-6）计算。因它存在随机性，在此对每个测试数据集$\check{E}^{\delta}_{Test}$运行该算法100次，算出其hit ratio的平均值。图4-7所示为这四种算法的hit ratio对比。

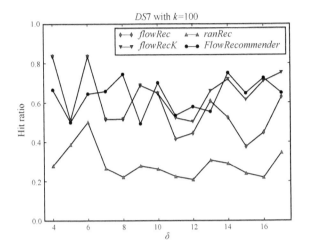

**图4-7** 算法*flowRec*、*flowRecK*、*ranRec* 及 *FlowRecommender*
在数据集*D*7下、*k* = 100时的推荐效果对比

从图4-7中可以看出，算法*flowRec*、*flowRecK*和*FlowRecommender*
的hit ratio 明 显 好 于 算 法*ranRec*。 当 $\delta<11$ 时， 算 法*flowRec*和
*flowRecK*的推荐效果基本一样，说明不完整实例长度较短时采用本
章介绍的相似度计算方法不能区分算法*flowRec*、*flowRecK*的推荐效
果，宜采用其他更有效的相似度计算方法。当 $\delta \geqslant 11$ 时， 算法
*flowRecK*的推荐效果好于算法*flowRec*，说明当不完整实例长度较
长，亦即不完整实例与完整实例的公共活动较多时，采用本章介绍
的相似度计算方法能区分*flowRec*和*flowRecK*的推荐效果。再来看算
法*flowRecK*与*FlowRecommender*的推荐效果对比，因为二者推荐结

果都为多个。从图中可以看出，当 $\delta = 4$、5、6、9、13、17时 *flowRecK* 的推荐效果要好于 *FlowRecommender*。这是因为，当 $\delta = 4$、5、6时，由 *DS7* 产生的测试数据集 $\check{E}_{Test}^{\delta}$ 具有较多的下一项执行活动的可能性，而 *FlowRecommender* 受限于只为每项候选推荐活动建立一个模式表；当 $\delta = 9$、13、17时，测试数据集 $\check{E}_{Test}^{\delta}$ 中每个不完整实例包含了一些重复出现的子活动序列，这会对算法 *FlowRecommender* 建立准确的模式表产生干扰。算法 *flowRecK* 不受上述两种情况的影响，能够利用不完整实例各项活动的位置信息进行推荐。此外，从图4-7中还可以看出，当 $\delta = 7$、8、10、12、14时，*flowRecK* 的推荐效果要差于 *FlowRecommender*。这是因为此种情况下测试数据集中每个不完整实例具有较少的下一项执行活动的可能性，算法 *FlowRecommender* 利用统计方法建立的模式表就比较准确。当 $\delta = 7$、8时，不完整实例的长度较短，算法 *flowRecK* 的 hit ratio 与 *FlowRecommender* 的差别比较大；但当 $\delta = 10$、12、14时，算法 *flowRecK* 利用了不完整实例的更多活动信息，其推荐准确性就会提高，因此其 hit ratio 与算法 *FlowRecommender* 的差别就比较小。

可见，限定在本章所用的数据集上，算法 *flowRecK* 与文献[50] 算法 *FlowRecommender* 各有优势和劣势，且算法 *flowRecK* 相比于 *FlowRecommender* 劣势的地方（不完整实例长度较长且具有较少下一项执行活动的可能性），其 hit ratio 仅仅低一点，不超过0.04。这说明本章介绍的算法是有效且可行的。

# 4.5 本章小结

本章给出了一种将实例库转化成矩阵的方法，介绍了不完整实例与完整实例的相似度计算；并提出了两个活动推荐算法 *flowRec* 和 *flowRecK*，对比分析了它们在仿真数据集上的推荐效果。实验结果表明：大部分情况下算法 *flowRecK* 的推荐效果好于 *FlowRecommender* 算法，且在推荐效果不如 *FlowRecommender* 的地方，其 hit ratio 仅仅低一点，不超过 0.04。从而证实本章介绍的算法是可行的和有效的。实验结果还表明，当不完整实例的长度较短时，本章使用的相似度计算方法不恰当，需进一步改进。

未来的工作包括：设计更好的当不完整实例较短时的相似度计算方法，以改善此情况下的推荐效果；改进当不完整实例和完整实例都含有较多重复的子序列时的推荐方法；在工作流实例中加入更多的信息，例如用户信息、资源使用信息及时间信息等，以使工作流活动推荐结果更符合实际。

第5章

基于协同过滤的活动推荐算法

# 5.1　本章概要

第3章提出了基于用户类别近邻的活动推荐算法UTNBARec，假定每个实例都附带一个用户类别信息，利用与当前不完整实例用户类别近邻的实例作为构造推荐列表的基础。第4章提出了基于Pearson相关系数的活动推荐算法flowRec，假定实例库中的实例仅仅是一个活动序列，模仿推荐系统领域的User-Item矩阵，首先将实例库转化成一个矩阵，矩阵的行对应实例，矩阵的列对应活动，然后利用Pearson相关系数计算实例间的相似性，最后构造推荐列表。而本章中，假定每个实例都带有一个执行它的用户信息，采用一定方法将活动推荐问题转化成评分预测问题，最后"反转化"构造出当前不完整实例的推荐列表。

本章介绍的推荐方法进一步发展了第4章的推荐方法，如果说第4章的方法"形似"协同过滤技术，那么本章的方法则"神似"CF技术。因为：

（1）考虑了用户信息；

（2）将实例中的活动序列看成item；

（3）设计了一种方法，将实例库$W$转化成用户对活动序列的评分矩阵。

图 5-1 所示为本章介绍的推荐算法的主要思想。本章介绍的算法假定实例库中的实例事先确定，而非动态变化。首先，设计一个方法将实例库转化成一个矩阵——初始矩阵，矩阵中的每行对应一个不同的用户，矩阵中的列对应实例库中某个活动序列，矩阵中元素的值表示用户对某活动序列的评分；然后，按照协同过滤技术中的方法对初始矩阵中的未知值进行填充；最后，利用填充后的矩阵构造当前不完整实例的推荐列表。从图 5-1 中可以看出，协同过滤技术仅仅是本章推荐方法的一个中间步骤。本章介绍的活动推荐算法与前两章的有一个本质区别：根据填充后的矩阵信息直接构造当前不完整实例的推荐列表，而不用再计算当前不完整实例与完整实例的相似度。

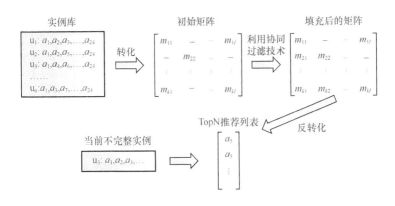

**图5-1　本章推荐方法示意**

为评测本章算法的推荐效果，我们利用第 3 章使用过的仿真数据生成工具 PLG 生成本章所需数据，并在生成的数据上进行实验。

实验结果表明：本章介绍的算法是可行的。此算法的新意是，先将活动推荐问题转化成评分预测问题，再利用预测后的评分构造当前不完整实例的活动推荐列表。

# 5.2 相关概念及问题描述

## 5.2.1 相关概念

用符号 $A$ 表示所有工作流活动组成的集合，$A^*$ 是 $A$ 中活动构成的所有有限序列组成的集合。本章假定集合 $A$ 确定，因此集合 $A^*$ 也随之确定。用符号 $\sigma$ 表示某一活动序列，满足 $\sigma \in A^*$，它是构成工作流实例库的主要组成部分。后面根据阐述需要，有时会用 $\sigma = \langle a_1, a_2, \cdots, a_n \rangle$ 表示活动序列中的具体活动内容，用 $\sigma(i)$ 表示处在活动序列中第 $i$（$i \leqslant n$）个位置的活动，用 $len(\sigma)$ 表示活动序列 $\sigma$ 的长度。

为方便后面讨论，我们给出活动序列前缀、最大公共前缀的定义。

**定义 5.1** 假设 $\sigma = \langle a_1, a_2, \cdots, a_n \rangle$，$\sigma' = \langle b_1, b_2, \cdots, b_m \rangle$ 是两个活动序列，活动序列 $\sigma$ 被称为 $\sigma'$ **的前缀**，记为 $\sigma \leqslant \sigma'$，如果满足条件 $n < m \bigwedge \forall_{1 \leqslant i \leqslant n} a_i = b_i$。

**定义5.2**　假设 $\sigma$、$\sigma_1$、$\sigma_2$ 为三个活动序列，如果它们满足条件 $\sigma \leqslant \sigma_1 \wedge \sigma \leqslant \sigma_2$，但对任何一个在序列 $\sigma$ 尾部添加活动而产生的新序列 $\sigma'$，条件 $\sigma' \leqslant \sigma_1 \wedge \sigma' \leqslant \sigma_2$ 不成立，则称 $\sigma$ 为**序列 $\sigma_1$ 和 $\sigma_2$ 的最大公共前缀**，记为 $MCPR(\sigma_1, \sigma_2)$。

接下来给出与多重集合相关的一些概念。

**定义5.3**　**多重集合** $X$ 被定义为 $X : S \rightarrow \mathbb{N}$，即对于任何的元素 $s \in S$，$X(s)$ 表示 $s$ 在多重集合 $X$ 中出现的次数。

由于多重集合内部元素的无序性，因此为方便书写多重集合，我们给出多重集合的一种简化书写方式。例如，如果 $S = \{a, b, c\}$，我们用 $\{a, b^2, c^3\}$ 表示一个多重集合 $X \in \mathcal{B}(S)$，它含1个 $a$、2个 $b$ 和3个 $c$，亦即 $X(a) = 1$、$X(b) = 2$ 和 $X(c) = 3$。

**定义5.4**　由某集合 $S$ 中的所有元素产生的所有多重集合 $X$ 组成的集合称为**集合 $S$ 的多重集合的域**，记为 $\mathcal{B}(S)$。

显然，根据上述定义，多重集合 $X \in \mathcal{B}(S)$ 包含了 $S$ 中的所有元素，并且 $S$ 中的某些元素在其中重复出现。接下来我们用符号 $\mathcal{U}$ 表示用户的集合，并给出适合本章问题定义的工作流实例、工作流实例库概念。

**定义5.5**　假设 $u \in \mathcal{U}$ 为一个用户，$\sigma \in A^*$ 为一个活动序列。一

个**完整工作流实例** $w$ 被定义为一个二元组 $(u, \sigma)$，其中活动序列 $\sigma$ 中的最后一项活动是系统业务执行日志中的某条记录的最后一个操作。

**定义 5.6** 假设 $w \equiv (u, \sigma)$ 是一个完整工作流实例，如果其活动序列 $\sigma$ 的最后一项活动执行后为某模型 $\mathcal{W}$（参见定义 3.1）的结束状态，亦即该活动为模型的结束活动，那么我们就称 $w$ 为一个相对于 $\mathcal{W}$ 的**正常工作流实例**，简称**正常实例**；否则，称 $w$ 为一个相对于 $\mathcal{W}$ 的**异常工作流实例**，简称**异常实例**。

**定义 5.7** 假设 $u \in \mathcal{U}$ 为一个用户，$\check{\sigma} \in A^*$ 为一个活动序列。二元组 $(u, \check{\sigma})$ 被称为一个**不完整工作流实例**，简称**不完整实例**，记为 $\check{w}$，如果序列 $\check{\sigma}$ 的最后一项活动不是模型的结束活动或者不被当前用户终止，则序列 $\check{\sigma}$ 被称为一个**不完整活动序列**。

正如推荐系统将显式反馈/隐式反馈作为推荐的信息来源那样，工作流实例是活动推荐的信息来源。上述定义的工作流实例，其表现形式为系统积累业务执行日志，且每一个完整的业务执行记录对应一个工作流实例。执行日志包含了系统到目前为止所有的历史业务行为，它既包含了遵照模型产生的正常业务（正常实例），也包含了反映当前最新变化的非标准业务（异常实例）。实例的分类如图 5-2 所示。

**定义 5.8** 假设 $\sum \in \mathcal{B}(A^*)$ 是活动序列的多重集合，$\mathcal{U}$ 是用户的集合，一个**工作流实例库** $W$ 被定义为集合 $\sum$ 和 $\mathcal{U}$ 的笛卡儿积（Cartesian product）$\mathcal{U} \times \sum$ 的一个子集[1]，其每一个元素都是一个完整实例。

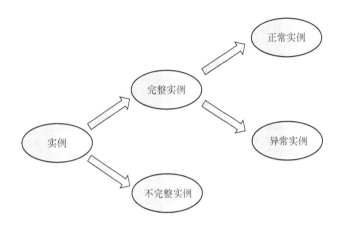

图 5-2 实例的分类

上述工作流实例库的定义与第 3 章和第 4 章的定义是基本一致的。它们的相同点是每个实例都包含了活动序列信息；不同点是本章的定义附带了用户信息，而第 3 章的定义附带的是用户类别信息，第 4 章的没有附带任何信息。从定义可知，实例库本身是一个多重集合，并且用户与活动序列是多对多的关系。

## 5.2.2　问题描述

假设 $W$ 是一个工作流实例库且事先确定，用户集合 $\mathcal{U}$ 也事先确

---

[1]　因为 $\sum$ 是多重集合，对于 $\sigma \in \sum$ 和 $u \in \mathcal{U}$，集合 $\sum$ 和 $\mathcal{U}$ 的笛卡儿积中必包含重复的元素 $(u, \sigma)$。本章将这些重复出现的元素考虑在内，因此，定义中所说的笛卡儿积的子集是一个多重集合。

定，于是，本章的问题定义如下。

**问题5.1** 给定实例库 $W$ 和一个不完整实例 $\check{w} \equiv (u, \check{\sigma})$，$u \in \mathcal{U}$，如何向用户 $u$ 推荐其下一项可能执行的活动。

与推荐系统研究领域里的 TopN 推荐（参见 2.3.1 小节）相似，本章介绍的算法将向 $u$ 推荐一个 TopN 列表。

由上述可知，本章推荐面向老用户。如果不完整实例 $\check{w} \equiv (u, \check{\sigma})$ 的 $u \notin \mathcal{U}$，那么，上述推荐问题将变成类似于推荐系统研究领域里的"冷启动"问题。

# 5.3 推荐算法

## 5.3.1 由实例库 $W$ 构造初始矩阵

推荐系统研究领域通常会构造一个 User-Item 矩阵，作为推荐算法的输入。该矩阵中元素的值由用户显式给出或者由用户的行为转化而来。与此类似，本章要想使用协同过滤技术进行活动推荐，必须首先将实例库$W$转化成一个矩阵。与第4章转化后矩阵的行代表一个活动序列、列代表某项活动不同，本章中转化后的矩阵的行对应一个用户、列对应某活动序列。这样的矩阵称为User-Sequence矩阵。

根据本章问题描述，实例库$W$和用户集合$U$都事先确定，那么根据$U$中的用户信息，我们对其中用户随意排序，比如，$\langle u_1, u_2, \cdots, u_k \rangle$；同理，我们也可以从$W$中找出所有出现过的活动序列集合$\{\sigma_1, \sigma_2, \cdots, \sigma_l\}$，随意对该集合中的元素排序，比如，$\langle \sigma_1, \sigma_2, \cdots, \sigma_l \rangle$。于是，根据用户、活动序列的排序信息，由实例库$W$而构造的User-Sequence矩阵具有如下形式：

$$
\begin{array}{c}
\begin{array}{cccc} \sigma_1 & \sigma_2 & \cdots & \sigma_n \end{array} \\
\begin{array}{c} u_1 \\ u_2 \\ \vdots \\ u_m \end{array}
\left(
\begin{array}{cccc}
- & - & \cdots & - \\
- & - & \cdots & - \\
\vdots & \vdots & \cdots & \vdots \\
- & - & \cdots & -
\end{array}
\right),
\end{array}
\qquad (5\text{-}1)
$$

其中，符号"–"表示当前元素的值未知。由于一个用户可能执行多个活动序列，所以通常情况下$k \leqslant l$。接下来我们详细讨论如何根据实例库$W$初步构造User-Sequence矩阵中的未知值。

假定现在我们要构造User-Sequence矩阵中元素$m_{ij}$（$i<k, j<l$）的值，该构造过程如图5-3所示。

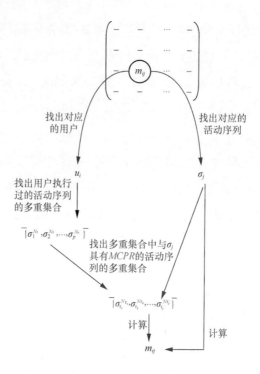

**图5-3 构造矩阵User-Sequence中元素$m_{ij}$（$i < k, j < l$）值的过程示意**

首先从实例库$W$中找出用户$u_i$执行过的活动序列的多重集合$\sum_{u_i} = \overline{\{\sigma_1^{N_1}, \sigma_2^{N_2}, \cdots, \sigma_p^{N_p}\}}$，再从集合$\sum_{u_i}$中找出与活动序列$\sigma_j$具有最大公共前缀的活动序列所组成的多重集合$\sum_{u_i, \sigma_j} = \overline{\{\sigma_{\tau_1}^{N_{\tau_1}}, \sigma_{\tau_2}^{N_{\tau_2}}, \cdots, \sigma_{\tau_{p'}}^{N_{\tau_{p'}}}\}}$，最后按照下面公式计算$m_{ij}$的值：

$$m_{ij} = \sum_{k=1}^{p'} \frac{N_{\tau_k}}{\sum_{l=1}^{p'} N_{\tau_l}} \cdot len(MCPR(\sigma_{\tau_k}, \sigma_j)). \tag{5-2}$$

公式（5-2）不仅考虑了最大公共前缀的长度，而且也考虑了两个序列各自出现的频率信息。用频率信息作为最大公共前缀长度的权，

这样能够避免由 $len(MCPR(\sigma_{\tau_k}, \sigma_j))$ 值过大且前缀 $MCPR(\sigma_{\tau_k}, \sigma_j)$ 出现次数较少带来的干扰，使得用户对实例的评分更加符合实际。如果多重集合 $\sum_{u_i, \sigma_j}$ 为空，则 $m_{ij}$ 的值仍然是未知的。

对 User-Sequence 矩阵中所有元素都按照上述方法构造值，即得到初始 User-Sequence 矩阵 $M$，它将作为 5.3.2 小节中协同过滤方法的输入。由实例库 $W$ 构造初始 User-Sequence 矩阵 $M$ 的算法 ConstructIniUSM 如算法 5.1 所示。

**算法 5.1　由实例库 $W$ 构造初始 User-Sequence 矩阵 $M$ 的算法**

**ConstructIniUSM($W$)**

> **Input:** 工作流实例库 $W$
> **Output:** 初始 User-Sequence 矩阵 $M$
> 1　从 $W$ 中找出所有出现过的用户集合 $\{u_1, u_2, \cdots, u_k\}$
> 2　从 $W$ 中找出所有出现过的活动序列集合 $\{\sigma_1, \sigma_2, \cdots, \sigma_l\}$
> 3　初始化 $k \times l$ 矩阵 $M$，使其所有元素的值为 $-1$ // $-1$ 表示当前元素的值未知
> 4　**for** $j \leftarrow 1$ **to** $l$ **do**
> 5　　**for** $i \leftarrow 1$ **to** $k$ **do**
> 6　　　确定 $W$ 中用户 $u_i$ 执行过的活动序列的多重集合 $\sum_{u_i}$
> 7　　　确定集合 $\sum_{u_i}$ 中与活动序列 $\sigma_j$ 具有最大公共前缀的活动序列的多重集合 $\sum_{u_i, \sigma_j}$
> 8　　　**if** 集合 $\sum_{u_i, \sigma_j}$ 不为空 **then**
> 9　　　　利用公式（5-2）计算矩阵 $M$ 中元素 $m_{ij}$ 的值
> 10　　　**end**
> 11　　**end**
> 12　**end**
> 13　**return** $M$

我们可以把矩阵 $M$ 中元素 $m_{ij}$ 看作用户 $u_i$ 对活动序列 $\sigma_j$ 的评分。当用户 $u_i$ 执行过序列 $\sigma_j$ 且执行多次时，评分就高；当用户 $u_i$ 没执行过

序列 $\sigma_j$，但执行过序列 $\sigma_j$ 的前缀时，评分就低；当用户 $u_i$ 既没执行过序列 $\sigma_j$，又没执行过 $\sigma_j$ 的前缀时，$m_{ij}$ 仍保持未知。于是，由算法 5.1 返回的矩阵 $M$，仍存在部分元素值未知。举例说明，矩阵 $M$ 应具有如下形式：

$$
\begin{array}{cccc}
& \sigma_1 & \sigma_2 & \cdots & \sigma_n
\end{array}
\begin{array}{c}
u_1 \\ u_2 \\ \vdots \\ u_k
\end{array}
\begin{pmatrix}
-1 & m_{21} & \cdots & m_{1l} \\
m_{21} & -1 & \cdots & -1 \\
\vdots & \vdots & \cdots & \vdots \\
-1 & m_{k2} & \cdots & m_{kl}
\end{pmatrix}, \tag{5-3}
$$

其中，元素值为 -1 表示其评分未知。接下来讨论如何利用协同过滤技术预测 $M$ 中评分未知的元素的值。

## 5.3.2 采用协同过滤技术填充 $M$ 中未知值

5.3.1 小节中构造的初始矩阵 $M$ 作为协同过滤方法的输入。为保持与第 2 章中的 2.3.2 小节引入的符号一致，我们使用以下的符号约定：符号 $u$、$v$ 表示用户，符号 $\sigma$ 表示活动序列，符号 $m_{u\sigma}$ 表示用户 $u$ 对活动序列 $\sigma$ 的评分；用 $I_u$ 表示被用户 $u$ 评过分的活动序列的集合，用 $U_\sigma$ 表示对活动序列 $\sigma$ 评过分的用户的集合。于是，用户 $u$ 评分的平均值 $\bar{m}_u$ 为：

$$
\bar{m}_u = \frac{1}{|I_u|} \sum_{\sigma \in I_u} m_{u\sigma}.
$$

对活动序列 $\sigma$ 评分的平均值 $\bar{m}_\sigma$ 为：

$$\bar{m}_\sigma = \frac{1}{|U_\sigma|}\sum_{\sigma \in U_\sigma} m_{u\sigma}.$$

在此基础上，用 $S^k(u; \sigma)$ 表示与用户 $u$ 近邻的 $k$ 个用户组成的集合，且这些用户都对活动序列 $\sigma$ 评过分。如果在矩阵 $M$ 中用户 $u$ 对活动序列 $\sigma$ 的评分未知，那么，用户 $u$ 对活动序列 $\sigma$ 的评分预测值 $\hat{m}_{u\sigma}$ 可按下式计算：

$$\hat{m}_{u\sigma} = \bar{m}_u + \frac{\sum_{v \in S^k(u;\sigma)} Sim(u,v)(m_{u\sigma} - \bar{m}_\sigma)}{\sum_{v \in S^k(u;\sigma)} Sim(u,v)}. \qquad (\text{5-4})$$

其中 $Sim(u, v)$ 表示用户 $u$、$v$ 间的相似度。上式中的集合 $S^k(u; \sigma)$ 是在 $Sim(u, v)$ 的基础上确定的。本章使用信息检索领域著名的余弦相似度计算公式：

$$Sim(u,v) = \frac{\sum_{\sigma \in I_{u \wedge v}} m_{u\sigma} m_{v\sigma}}{\sqrt{\sum_{\sigma \in I_u} m_{u\sigma}^2}\sqrt{\sum_{m \in I_v} m_{v\sigma}^2}}. \qquad (\text{5-5})$$

其中，$I_{u \wedge v}$ 表示用户 $u$ 和 $v$ 共同评过分的活动序列集合。

对矩阵中未知值进行填充的方法分为两类（参见 2.3 节），一是基于近邻的协同过滤方法，另一个是基于模型的协同过滤方法。基于模型的协同过滤方法中，矩阵分解（matrix factorization）[88, 89] 技术的研究比较深入，包括 SVD、PCA [90, 91] 等。本章对矩阵中未知值的填充方法为基于用户近邻的协同过滤方法。

　　用上述基于用户近邻的协同过滤方法对矩阵 $M$ 中未知值进行填充，其理由与推荐系统研究领域类似：对业务流程具有相似偏好的用户，在其他业务流程的执行上也具有相似的偏好。因此，可利用与当前用户相似的用户的评分信息来预测当前用户对某个活动序列的评分。当然，这里预测的是矩阵 $M$ 中的未知值，即那些无法用5.3.1小节介绍的方法获得评分数据的矩阵元素。

　　采用上述方法对矩阵 $M$ 中所有未知值进行填充，即完成本部分的操作。对初始矩阵 $M$ 中未知值进行填充的算法 CFImputation 如算法5.2所示。算法的3~8行计算用户的相似度，并将计算结果存放到数据结构 $SM$ 中，以便于随后该算法找出与当前用户最相似的 $q$ 个用户；算法9~17行分别预测每个用户对未评分活动序列的评分值。因为公式（5-4）计算未知值时，从矩阵 $SM$ 中找出 $q$ 个与当前用户最相似的用户，其最坏情况下的时间复杂度为 $O(k)$；从矩阵 $M$ 中找出这 $q$ 个用户对当前活动序列的评分，最坏情况下的时间复杂度也为 $O(k)$，而且这两个操作可同时进行，因此公式（5-4）的最坏情况下的时间复杂度为 $O(k)$。所以，算法 CFImputation 在最坏情况下的时间复杂度为 $O(k^2 \cdot l)$，其中 $k$ 为用户数，$l$ 为活动序列数。

**算法5.2　对初始矩阵中未知值进行填充 CFImputation($M$)**

**Input:** 由实例库 $W$ 构造的初始 User-Sequence 矩阵 $M$

**Output:** 对矩阵 $M$ 中未知值填充后而形成的新矩阵 $M'$

1　　$k \leftarrow$ 矩阵 $M$ 的行数

2　　初始化 $k \times k$ 矩阵 $SM$ // 存放用户间的相似度

3　　**for** $i \leftarrow 1$ *to* $k-1$ **do**

4　　　**for** $j \leftarrow i+1$ *to* $k$ **do**

5　　　　$s \leftarrow$ 利用 $M$ 中信息及公式（5-5）计算出的用户 $u_i$ 和 $u_j$ 之间的相似度

```
6  │  │  SM [i][j]←s, SM [j][i]←s
7  │  │  end
8  │  end
9  for i←1 to k do
10 │  if 矩阵 M 中存在用户 uᵢ 未评分的活动序列 then
11 │  │  找出用户 uᵢ 所有未评分的活动序列，记为集合 {σ₁, σ₂, …, σₚ}
12 │  │  for j←1 to p do
13 │  │  │  利用 SM 找出 q 个与用户 uᵢ 相似度高的用户，且这些用户对活动
   │  │  │  序列 σⱼ 都有评分
14 │  │  │  利用公式（5-4）计算矩阵 M 中元素 mᵢ,σⱼ 的值
15 │  │  end
16 │  end
17 end
18 M'←M
19 return M'
```

对初始矩阵 $M$ 中的未知值进行填充而得到 $M'$ 后，我们就获得了更多的用户对活动序列的评分信息，具备了向一个不完整实例推荐其下一项可能执行的活动的基础，而且是推荐结果具有更多可能性的基础。接下来详细讨论本章的活动推荐算法。

# 5.3.3 活动推荐算法

第 3 章和第 4 章介绍的算法是本小节活动推荐算法的基础。基于用户近邻的填充方法，其目的是为了预测用户对其未执行过的活动序列的执行意愿或偏好。假定 $M'$ 是初始矩阵 $M$ 经未知值填充而得到的矩阵，$\check{w} \equiv (u, \check{\sigma} = \langle a_{i_1}, a_{i_2}, \cdots, a_{i_\delta} \rangle)$ 为一个不完整实例，现需向 $\check{w}$

推荐其下一项可能执行的活动的列表，方法如下（分两种情况）。

（1）如果 $u$ 是一个老用户，即 $M'$ 中存在用户 $u$ 的评分数据，那么，首先对 $u$ 评分数据对应的活动序列按评分由高到低排序，得到活动序列集合 $Sorted\_I_u$，然后从该集合中找出所有以 $\check{\sigma}$ 为前缀的活动序列，组成**候选活动序列集合**：

$$Candidate\_I_u = \{\sigma' \mid \check{\sigma} \leqslant \sigma' \wedge \sigma' \in Sorted\_I_u\}. \tag{5-6}$$

再从集合 $Candidate\_I_u$ 中取出 $N$ 个长度大于 $len(\check{\sigma})$ 的活动序列，组成集合 $C_N\_I_u$；最后，从集合 $C_N\_I_u$ 中取出每个活动序列中的第 $\delta+1$ 个活动，组成推荐活动列表：

$$Rec(\check{w}) = \{\sigma(\delta+1) \mid \sigma \in C_N\_I_u\}. \tag{5-7}$$

（2）如果 $u$ 是一个新用户，即 $M$ 中不存在用户 $u$ 的评分数据，那么，首先按照 5.3.1 小节介绍的方法构造 $u$ 对集合 $\{\sigma_1, \sigma_2, \cdots, \sigma_l\}$ 中所有序列的评分，将这 $l$ 个评分数据作为最后一行添加到矩阵 $M'$ 中；然后按照公式（5-5）计算 $u$ 与所有其他用户的相似度，选出一个与 $u$ 相似度最大的用户 $u^*$，即

$$u^* = \arg\max_{i=1,2,\cdots,k} Sim(u, u_i). \tag{5-8}$$

最后，把 $u^*$ 作为老用户按情况（1）的方法构造用户 $u$ 的 TopN 推荐列表。

$u$ 是老用户情况下的活动推荐算法见算法 5.3，其被完整的基于协同过滤的活动推荐算法 CFBARec（如算法 5.4 所示）调用。算法

5.3假定$u$是实例库中已存在的用户，并且能访问到实例库$W$中所有出现过的活动序列集合$\{\sigma_1, \sigma_2, \cdots, \sigma_l\}$，它利用矩阵$M'$中与用户$u$对应行的评分数据，构造相对于不完整活动序列$\check{\sigma}$的TopN推荐列表$C_N$。算法CFBARec根据执行不完整实例$\check{w}$的用户是老用户还是新用户而采取不同的处理方式：老用户直接调用ConstructTopN；新用户则要找出老用户中与该新用户相似度最大的那个老用户，再利用$M''$中与该老用户对应行的评分数据构造相对于不完整活动序列$\check{\sigma}$的TopN推荐列表。算法ConstructTopN的时间复杂度为$O(l)$，其中$l$为实例库$W$包含的不同活动序列的数量；算法CFBARec的时间复杂度取决于$\check{w}.u$为新用户的情况，为$O(k+l)$，其中$k$为实例库中包含的不同用户的数量，$l$则仍为实例库$W$包含的不同活动序列的数量。

**算法5.3　构造推荐列表ConstructTopN($M'$, $u$, $\check{\sigma}$)**

> **Input:** 值填充后的矩阵$M'$，用户$u$，不完整活动序列$\check{\sigma}$//本算法假定$u$是老用户
> **Output:** 活动推荐列表$C_N$

1　找出$u$在$M'$中的评分数据
2　找出评分数据对应的活动序列
3　对上述序列按评分高低排序，得活动序列集合$Sorted\_I_u$
4　由集合$Sorted\_I_u$确定集合$Candidate\_I_u$（公式（5-6））
5　利用公式（5-7）及活动序列$\check{\sigma}$计算TopN活动推荐列表$C_N$
6　**return** $C_N$

**算法5.4　基于协同过滤的活动推荐算法CFBARec($W$, $\check{w}$)**

> **Input:** 实例库$W$，不完整实例$\check{w} \equiv (u, \check{\sigma})$
> **Output:** 活动推荐列表$C_N$

1　$M$ = ConstructIniUSM($W$)
2　$M'$ = CFImputation($M$)
3　**if** $\check{w}.u$在实例库$W$中存在 **then**
4　　$C_N$ = ConstructTopN($M'$, $\check{w}.u$, $\check{w}.\check{\sigma}$)

5　　│　return $C_N$

6　else

7　　│　按照 5.3.1 小节方法依次构造 $\check{w}u$ 对集合 $\{\sigma_1, \sigma_2, \cdots, \sigma_l\}$ 中所有序列的评分

8　　│　将前一步骤构造的 $l$ 个评分数据作为最后一行添加到矩阵 $M'$ 中，得到矩阵 $M''$

9　　│　按公式（5-5）计算 $u$ 与所有其他用户的相似度，并找出与 $u$ 相似度最大的用户 $u^*$

10　　│　$C_N = \mathrm{ConstructTopN}(M'', u^*, \check{w}.\check{\sigma})$

11　　│　return $C_N$

12　end

# 5.4　实验方法及结果分析

我们利用 Python 语言实现了本章的活动推荐算法 CFBARec。下面的实验均在内存为 32 GB、CPU 为 Intel Core i7-3770 四核且主频为 3.4 GHz、操作系统为 64bit Windows 7 的台式机上运行。

## 5.4.1　实验数据

我们利用仿真数据生成工具 PLG 生成本章所需的实验数据。根据第 3 章和第 4 章的实验结果分析，我们发现活动推荐算法在模型的不同结构（例如，选择分支、循环分支等）所产生的活动序列片段上推荐效果表现不同，为了更加明确地比较这种不同，我们利用

PLG软件随机生成了两个模型，分别记为$W_1$和$W_2$，使得$W_1$含有较多的选择结构、$W_2$含有较多的循环结构。生成这两个模型的参数如表5-1所示。按照表5-1中的参数信息利用软件PLG随机生成的两个模型$W_1$和$W_2$如图5-4所示，它们的特征信息如表5-2所示。

**表5-1 生成模型$W_1$和$W_2$的参数信息**

| 特征 | $W_1$ | $W_2$ |
| --- | --- | --- |
| AND-split概率 | 0.7 | 0.3 |
| OR-split概率 | 0.7 | 0.3 |
| 循环分支 | 0.05 | 0.7 |
| 顺序结构概率 | 0.7 | 0.4 |
| 最大嵌套数 | 4 | 3 |

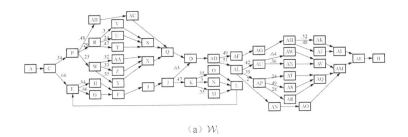

（a）$W_1$

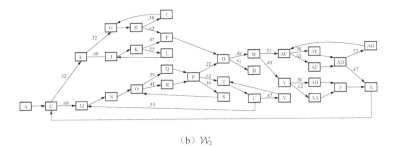

（b）$W_2$

**图5-4 利用PLG软件按照表5-1中参数随机生成的两个模型$W_1$和$W_2$**

表5-2　模型$\mathcal{W}_1$和模型$\mathcal{W}_2$的特征信息

| 特征 | $\mathcal{W}_1$ | $\mathcal{W}_2$ |
|---|---|---|
| AND-split数 | 6 | 3 |
| OR-split数 | 5 | 3 |
| 循环分支数 | 1 | 7 |
| AND-split的最大分支数 | 3 | 2 |
| OR-split的最大分支数 | 3 | 2 |
| 活动总数 | 50 | 33 |

基于模型$\mathcal{W}_1$和$\mathcal{W}_2$，我们利用软件PLG分别生成了二者的5000个完整实例，其中异常实例所占比例均为20%。由于上述生成的实例不含有用户信息，我们需要为这些实例构造用户信息。假定两个实例的活动序列分别为$\sigma_1$和$\sigma_2$，如果$len(MCPR(\sigma_1, \sigma_2)) \geqslant 4$，那么就为这两个实例分配同一个用户。按上述分配用户的方法，模型$\mathcal{W}_1$的5000个实例共分配了1755个用户，$\mathcal{W}_2$共分配了1739个用户，最终形成的数据集分别记为$DS5000_{\mathcal{W}_1}$和$DS5000_{\mathcal{W}_2}$。

# 5.4.2　训练数据与测试数据的划分方法

这里的划分方法与3.5.2小节中介绍的方法类似。随机选择数据集的3/4作为实例库$W$，用来构造值填充后的矩阵$\boldsymbol{M'}$，余下的数据集用于构造不完整实例和测试数据。为保证不完整实例的用户为新用户时能更精准地构造该用户对实例库$W$中活动序列的评分，本章规定构造的不完整实例$\check{w}$的长度$len(\check{w}) \geqslant 6$。

对数据集$DS5000_{W_1}$和$DS5000_{W_2}$分别按上述方法做了一次随机划分，分别记它们为TrainTestData1$_{DS5000W_1}$和TrainTestData1$_{DS5000W_2}$，它们各自有1250个完整实例，用于构造不完整实例和测试数据。TrainTestData1$_{DS5000W_1}$和TrainTestData1$_{DS5000W_2}$中各自的1250个实例的活动序列长度分布情况如图5-5所示。

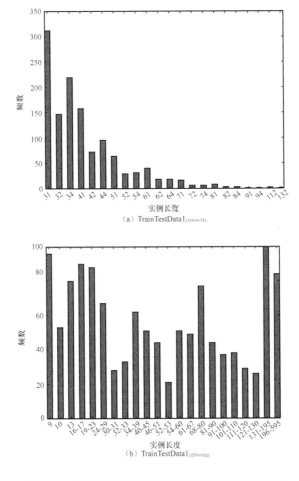

（a）TrainTestData1$_{DS5000W_1}$

（b）TrainTestData1$_{DS5000W_2}$

图5-5　用于构造测试数据的实例的活动序列长度分布

从图5-5可以看出，$TrainTestData1_{DS5000W_1}$中这1250个实例的长度主要集中在31、32、34、41、44上，其他长度的则比较少，其中最小长度为31，最大长度为132；而$TrainTestData1_{DS5000W_2}$的长度则具有很明显的多样性，基本上区间[9, 100]内的每个长度的实例都存在，但长度主要集中在100以内，其中最小长度为9，最大长度为595。之所以会出现长度为595的实例，是因为模型$W_2$（参见图5-4（b））中包含较多的循环分支。基于以上考虑及不同模型间对比的一致性，本章将$TrainTestData1_{DS5000W_1}$和$TrainTestData1_{DS5000W_2}$构造的不完整实例的长度$\delta$统一设置为 $\{6, 8, 10, \cdots, 80\}$。

## 5.4.3　评价指标

这里使用与3.5.3小节类似的评价指标，即召回率。在此我们简略地叙述一下本章所用的召回率的定义。

如果$\check{W}_\delta$是构造（本章实验$TrainTestData1_{DS5000W_1}$和$TrainTestData1_{DS5000W_2}$构造）出来的某个不完整实例的集合，其中包含的不完整实例的长度全部为$\delta$，那么集合$\check{W}_\delta$的召回率定义为：

$$Recall = \frac{|\{\check{w} \in \check{W}_\delta \mid tna(\check{w}) \in C_N(\check{w})\}|}{|T_{na}|} \tag{5-9}$$

其中，$C_N(\check{w})$是不完整实例$\check{w}$的TopN推荐列表，$tna(\check{w})$是不完整实例$\check{w}$下一项真正要执行的活动，$T_{na}$是由测试数据组成的多重集合（参见图3-6）。*Recall*的值区间为[0,1]，为1时表明活动推荐算法一直能准确地推荐不完整实例$\tilde{w}$的下一项执行活动，为0时表明对每一个不完整实例$\tilde{w}$都不能推荐准确的结果。

## **5.4.4 实验结果及分析**

先来看算法CFBARec在固定$q = 50$、变动$N$值（5, 10, 15, 20）时分别在TrainTestData1$_{DS5000W_1}$和TrainTestData1$_{DS5000W_2}$上的推荐效果对比，结果如图5-6所示，其中$q$表示算法中设置的近邻用户的最大数量，$N$表示算法构造的TopN推荐列表的长度。因为在大多数情况下，20到50个近邻似乎比较合理[92]，因此上述$q$设置为50。

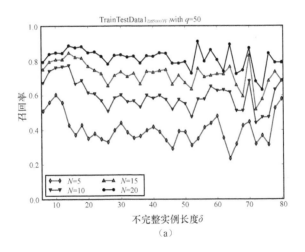

**图5-6 固定$q = 50$，TrainTestData1$_{DS5000W_1}$、TrainTestData1$_{DS5000W_2}$上不同$N$值（5, 10, 15, 20）下的召回率对比**

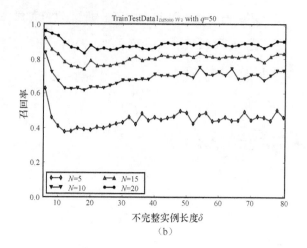

**图5-6 固定 $q = 50$，TrainTestData1$_{DS5000W_1}$、TrainTestData1$_{DS5000W_2}$ 上不同 $N$ 值（5, 10, 15, 20）下的召回率对比（续）**

从图5-6中可以看出，无论对由模型 $W_1$ 产生的数据集，还是由模型 $W_2$ 产生的数据集，算法CFBARec的推荐效果都随着 $N$ 值的增大而改善。这与第3章和第4章的实验结果吻合。图5-6（a）所示的推荐效果在各个 $N$ 值上均有摆动，特别是当 $\delta \geq 50$ 时，摆动的幅度更大。这是因为数据集TrainTestData1$_{DS5000W_1}$ 中长度大于50的实例所占的比例偏小（参见图5-5（a））；模型 $W_1$ 含有较多的AND-split、OR-split及活动数量（参见表5-2），由此生成的实例的活动序列本身极具有多样性。图5-6（b）所示的算法在不同长度的不完整实例上的推荐效果比较平稳，摆动的幅度较小，同时当 $N=20$ 时的推荐效果要好于图5-6（a）中对应情况的效果。这是因为TrainTestData1$_{DS5000W_2}$ 中长度小于80的实例各自都占有一定的比例，推荐时所依靠的信息都比较充分；同时模型 $\mathcal{W}_2$ 含有较少的 And-split、OR-split 及活动，虽然 $\mathcal{W}_2$ 含 7 个循环分支，但由于限定 $\delta \leqslant 80$，循环分支带来的扰动不明显。

本章介绍的算法的一个不足之处是运行时间较长。尽管我们将初始矩阵 $M$ 对象序列化到一个外部文件中，不用每次重复计算，并将每个用户的近邻信息也序列化到一个外部文件中，但是运算出图 5-6（a）中的一条实验结果曲线仍耗时 4 时 29 分，运算出图 5-6（b）中的一条实验结果曲线仍耗时 5 时 16 分。得出图 5-6（b）所示的结果耗时更长是因为数据集 $\text{TrainTestData1}_{DS5000W_2}$（参见图 5-5（b））中含大量长度较长的实例。算法 CFBARec 的运行时间较长，促使我们在未来的工作中考虑采用矩阵分解的方法。

# 5.5 本章小结

本章考虑了用户信息，即每个实例除了包含活动序列外，还包含一个用户信息，提出了基于协同过滤方法的活动推荐算法——CFBARec。该算法首先利用实例库信息构造出用户对实例的评分矩阵，然后采用协同过滤方法中基于用户近邻的方法对矩阵中缺失值进行填充，最后利用填充后的矩阵向当前不完整实例进行下一项可能执行的活动的推荐。协同过滤方法是一个中间步骤。第 4 章的方法仅仅考虑了实例的活动序列，而本章将用户信息考虑进来，从而更加贴近实际情况。从实验结果来看，本章算法的推荐效果好于第4章算法的推荐效果。

　　本章算法的运算时间较长，尽管我们将评分矩阵暂存到外部文件中，避免每次重新计算该矩阵。为克服这个不足，在未来工作中我们考虑将矩阵分解技术引入活动推荐。

第6章

流程信息的 XML 表示方法及其可视化

在第3～5章中我们主要讨论了活动推荐算法，要让这些算法发挥实际作用必须将它们部署到实际系统中。这类系统必须将推荐的活动可视化，并且还需将整个业务流程信息显示出来以方便用户理解整个背景。这就产生了**如何可视化业务流程信息及如何在底层方便活动推荐算法对业务流程信息的处理**的问题。

本章设计了一种用来表示业务流程信息的XML（eXtensible Markup Language）格式，并提出了相应的可视化算法，用来可视化这些XML格式表示的流程信息。

为什么选用XML格式来表示业务流程信息呢？这是因为有3个方便因素：方便业务流程的存储和交换；能表示业务流程的各方面的信息，方便活动推荐算法对用它表示的实例信息进行处理；方便可视化工具显示流程信息。XML格式表示的流程信息方便系统自动化处理，而可视化后的流程信息面对的是普通用户。利用XML底层表示图是一种常见做法，例如，meta-CASE工具Pounamu利用XML格式保存图，并以此可视化，它在计算两个图的差别时实际上计算的是XML格式文件的差别[93]。

# 6.1　本章概要

XML的应用领域很广[94, 95]，采用XML进行流程信息的表达和存储是很好的选择。以XML格式保存的流程信息方便计算机分析处理，但另外一个问题是，如何对以XML格式表示的流程信息进行可视化。因为流程信息的可视化方便普通用户对流程信息进行分析、设计和监控。

一些软件工程领域、业务流程管理领域的图形化建模工具，例如用于UML（unified modeling language）[96]的ArgoUML，用于Petri net的PIPE2（platform independent petri net editor2）[97]，用于YAWL[70, 98]（yet another workflow language）的YAWL语言编辑器[99]，用于BPMN（business process modeling notation）[71, 72]的Sketchpad BPMN等，有一个共同的特点：底层以XML方式存储流程信息，前端以图的方式展现给用户。尽管它们各自展示出来的图被添加了不同的相当复杂的语义，并采用了不同的图形化符号，但本质上都可以抽象为结点和边的集合。本章讨论的问题是，如何用XML的方式描述流程信息，并让它们可视化。

关于如何利用XML表示点和边组成的图，文献[100]方法没有给出具体XML格式例子，仅仅用自然语言描述XML格式；它给出的一个XML例子是用于设置显示样式的，并且该XML的格式是开源Java类包JGraph预先定义好的。与文献[100]相比，本章不仅给出了我们设计的描述流程信息的具体XML格式，而且可视化算法采用新版的Java绘图包JGraphX。更进一步，对本章设计的XML格式进行适当扩展，也能可视化文献[100]中的复杂结构网络。文献[101]虽使用了新版的JGraphX，但没有设计专门的XML格式，这样做不便于对流程信息进行各种语义信息的添加和个性化的描述。本章介绍的方法不仅克服了这个缺点，而且给出了完整的可视化算法。

# 6.2　可视化框架

　　图6-1所示为本章的流程信息可视化框架，图中所示的XML文件存放用于可视化的流程信息。如何用XML格式存放流程信息，将在6.3节详细介绍。以该文件作为输入，XML解析器（parser）和提取器（extractor）将流程信息抽取出来，并放入数据结构Spec中，以便于后续处理。Spec的定义将在6.4.1小节中介绍。利用Spec，图构造器（graph constructor）构造出图模型（graph model）。图模型定义了图结构方面的信息，有利于下一步的可视化。根据图模型，图可视化（graph visualization）模块将流程信息以有向图的方式完整准确地呈现出来，图中的结点根据XML文件的情况可能带有任务（或活动）名称信息。

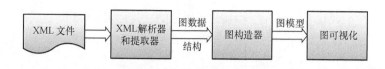

**图6-1　流程信息可视化框架**

　　图6-1所示的XML解析器如何实现对XML文件的解析，以及图构造器如何构造出可供Java Swing[102]显示的图模型虽然起着很重

要的作用，但不是本书讨论的重点。我们也可以编写Java代码实现这两个模块，但这样做没有必要且费时费力。幸运地，存在开源的支持Java平台上开发的程序包JDOM和JGraphX，利用它们提供的API（application programming interface），我们可以很方便地实现这两个模块的功能。

# 6.3 流程信息的 XML 描述方式

图6-2所示为一个非常简单的XML描述流程信息的例子，它的可视化结果如图6-3所示。该例子展示了本章提出的流程信息描述的基本方式，它包含了所有描述流程信息的基本XML元素。

```
1  <?xml version="1.0" encoding="UTF-8"?>
2  <specification uri="robert">
3   <processControlElements>
4    <task id="task1">
5      <name>Task1</name>
6      <flowsInto>
7        <nextElementRef id="task2" />
8      </flowsInto>
9      <layout locx="20" locy="130" width="80" height="30" />
10   </task>
11   <task id="task2">
12     <name>Task2</name>
13     <layout locx="140" locy="130" width="80" height="30" />
14   </task>
15  </processControlElements>
16 </specification>
```

图6-2　一个简单用XML描述流程信息的例子

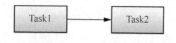

**图6-3　图6-2的可视化结果**

图6-2中第1行是所有XML格式的文件必须添加的，其中的属性version和encoding分别表示该文档所使用的版本和文本编码方式。更多的XML方面的语法知识，请参阅文献[103]。第2行和第16行之间的部分描述了流程信息，标签（tag）<specification> 的属性uri（universal retrieval identifier）给出文档的唯一名称。为包含流程信息的元数据（meta-data)，我们将真正的流程信息内容包含在标签 <processControlElements> 的内容体（body）中，即图6-2所示的第3行和第15行之间的部分。出于讨论方便和节省空间的需要，这里未包含元数据信息。

图6-2所示的代码第4行与第14行之间包含两个task元素，由于它们的子元素name的内容分别为Task1和Task2，所以可视化结果中的2个结点的标记（label）分别为Task1和Task2，也就是图6-3中两个矩形框中的内容。这两个task元素的属性id的值分别为task1和task2，代表各自的唯一标识，可用于第7行元素nextElementRef的属性id的取值。当然task元素的属性id的取值可以为任意其他的值，只要保证唯一性即可。另外，属性id值为task1的元素task还包含一子元素flowsInto，表示可视化结果中以该结点为起点要到达的接下来的结点。而属性id值为

task2的元素task没有包含子元素flowsInto，说明flowsInto是可选的，且它后面没有跟随其他的任务结点。由于实际的流程信息通常是一个结点后面可能跟随多个结点，也就是一个结点后面跟随多条边，我们又定义了元素flowsInto的子元素nextElementRef，让该元素的属性id值表示它的祖先元素所指向的结点。最后每个task元素必须包含一子元素layout用于存放可视化后图结点的位置和大小信息，元素layout含有四个属性locx、locy、width和height，分别表示结点的$x$坐标值、$y$坐标值、形状宽度和形状高度。虽然此处我们以矩形框为例，但可视化算法并不限于矩形框，可以是椭圆、多边形等。因此，该XML文档具备了交给算法进行可视化的基本元素。

图6-2所示的XML代码表示的流程信息是显然的。如果赋予它一定的语义，我们可以这样理解：任务Task1执行完毕后，流程控制转向任务Task2。图6-2中没包含显性的任务依赖（task dependency）。只要规定元素task的子元素name的特定值表示特定的任务依赖，文献[104]中定义的任务依赖AND-Split、AND-Join、XOR-Split和XOR-Join就可表达出来。注意，我们的流程信息描述方式与GraphML格式相同，因为它是通用的图描述格式，不面向特定的应用。例如，它利用图论中的术语，如node、edge等，作为XML元素的标签名称；而我们用于描述业务流程信息的标签名称面向流程控制。

# 6.4 可视化算法

## 6.4.1 流程信息的解析抽取算法

我们设计了两个数据结构Spec和Task，用于保存解析抽取后的结果。Spec对应整个XML文档，Task对应文档中task元素的内容和属性。它们之间的关系如图6-4所示，这个图很像UML类图。

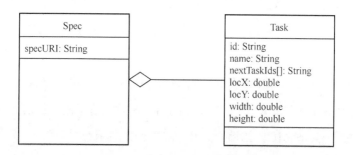

**图6-4 用于存储流程信息的数据结构**

流程信息抽取算法如算法6.1所示。该算法利用了开源软件包JDOM的相关API。算法先利用从外部读入的XML文档构建一个

JDOM document，然后对 Document 中包含的 task 结点依次进行解析，提取该 task 包含的相关信息，将这些信息放入数据结构 Task 的实例 *task* 中，最后将实例 *task* 添加到 Spec 的实例 *spec* 中；处理完 Document 中所有的 task 结点后，返回实例 *spec*。具体实现中，我们创建了方法 getTaskId、getTaskName、getNextTaskIds、getTaskLayout，分别用于从 JDOM document 中获取 XML 文档中元素 task 的属性 id 的值、子元素 name 的内容、子元素 flowsInto 的内容，子元素 layout 的属性值。

**算法6.1　流程信息解析抽取算法 ExtractFlowInfo**

**Input:** XML 文档名 fileName
**Output:** 数据结构 Spec 的一个实例 *spec*
1　通过 fileName 读取外部 XML 文档
2　将该文档转换成 JDOM document
3　**for** *taskElem in document* **do**
4　　从 taskElem 中获取有关 task 的信息
5　　以这些信息创建数据结构 Task 的一个实例 *task*
6　　*spec*.addTask(*task*)
7　**end**
8　**return** *spec*

# 6.4.2　可视化算法

算法6.2是我们设计的可视化算法。该算法以数据结构 Spec 的一个实例 *spec* 作为输入，并利用 JGraphX 支持对图模型中结点的添加、边的添加，以及设置各种外观属性的类 mxGraph。该算法返回了类 mxGraph 的一个实例 *graph*。利用该算法的输出 *graph* 作为参数构造一个 JGraphX 中类 mxGraphComponent 的实例 *mgc*，由于该类继承自 Java 平台的 JScrollPane 类，我们可以将含有可视化信息的 *mgc* 作为图形控件可视化。

### 算法6.2　构造可视化图模型 ConstructGraphModel

**Input:** 数据结构 Spec 的一个实例 *spec*
**Output:** 用于可视化显示的 mxGraph 的实例 *graph*

```
1    tasks ← spec.getTasks()
2    for task in tasks do
3    │    /* 向 graph 中添加结点 */
4    │    graph.insertVertex(task.id, task.name, task.locX, ...)
5    end
6    /* 向 graph 中添加单向箭头 */
7    for task in tasks do
8    │    if task.getNextTaskIds()!= null then
9    │    │    len = task.getNextTaskIdsLength()
10   │    │    for i ← 0 to len−1 do
11   │    │    │    向 graph 中结点 task 和 task.getNextTaskId(i) 之间添加一条带单向
         │    │    │    箭头的边
12   │    │    end
13   │    end
14   end
15   return graph
```

由于每个结点后面可能跟随多个结点，所以算法中如果某个结点后面有跟随的结点，那么就利用循环嵌套在该结点和跟随的结点间添加单向箭头。

## 6.5　原型系统的实现与分析

在两个开源Java类包JDOM和JGraphX的帮助下，我们实现了Java平台上的一个原型系统。该系统的界面非常简单（如图6-5所示），仅仅包含一个菜单File，File含有2个菜单项Open和Quit。Open用于打开描述流程信息的XML文档，Quit用于退出系统，当然直接单击界面右上角的关闭按钮同样可以退出系统。

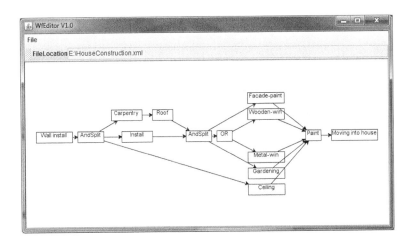

**图6-5　房屋建造例子的XML格式文件的原型系统运行结果**

开源Java类包JDOM和JGraphX的简介，以及它们在系统原型实现中所起的作用如下。

- JDOM是一个内存（in-memory）中的XML模型，利用它可以读、写、创建和更改外部的XML文档。JDOM不是一个XML解析器，但它可以利用各式各样的解析器，如SAX、StAX或者DOM等创建JDOM文档，本章原型系统使用的是SAX解析器。系统实现采用版本为2.0.5的JDOM，且利用类SAXBuilder从SAX解析器创建JDOM文档。为了更好地分析和处理外部的流程信息XML文档，我们编写了工具类JDOMUtil，集成了有关处理JDOM文档的功能。JDOM的使用避开了底层XML文件烦琐的解析处理细节。

- JGraphX是产品类库簇mxGraph中的一个开源的Java Swing类库，之前的版本是JGraph5。它提供了在Java平台上绘制图、与图交互、设置图的显示环境等方面的接口，方便进行各类图形的显示。它将点（vertices）和边（edges）统称为mxCell，进行统一的对形状、位置、样式、分层、分组等的操作。原型系统中使用了2个很重要的核心类——mxGraph和mxGraphComponent。若没有JGraphX的支持，实现图形的绘制、拖曳、移动、放大、缩小等操作是很烦琐的。利用JGraphX实现算法6.2是简单的、自然的。

JGraphX方便我们实现原型系统时采用MVC技术。MVC是观察者（observer）模式[105]的一种特殊形式。M指的是模型（model），V指的是视图（view），C指的是控制器（controller）。系统实现时，

mxGraph的类型为mxGraphModel的成员变量model是可视化信息的模型；mxGraph的类型为mxGraphView的成员变量view是可视化信息的视图；而类mxGraphComponent和mxGraph的各种事件处理器（event handler），如viewChangeHandler、updateHandler等则扮演控制器的角色。

为了验证原型的可用性，我们选取了一个房屋建造流程信息的例子，如图6-6所示。由于篇幅有限，流程信息的详细含义在此不赘述。根据6.3节中流程信息XML的描述方式，我们编写了图6-6所示的XML描述格式文件，该文件的完整内容参见附录D。经过原型系统读取该文件，进行可视化处理后，得到的结果如图6-5所示。

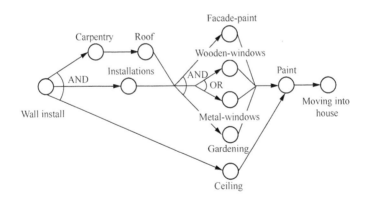

**图6-6 房屋建造的流程信息例子**

# 6.6 本章小结

本章提出了一种流程信息的XML描述格式，并设计了相应的可视化算法，最后在Java平台中实现了一个原型系统。原型系统上运行的一个房屋建造的流程信息实例验证了系统的可用性，以及本章XML描述格式、可视化算法的可行性。可视化结果的语义信息虽然没有BPMN、YAWL的语义丰富，却包含了基本的工作流元素。只要对其进行稍许扩展，本章的XML描述格式完全可用于组织架构、BPMN、YAWL等信息的可视化。

本章仅仅给出了如何由XML存储的流程信息可视化的方案，并没有介绍如何将图形化显示的流程信息存储为我们所定义的XML格式的文件，后者是未来工作需要关注的问题。同时，我们还会在系统中增加储存、查询业务流程执行实例的功能，并将活动推荐算法融入系统，使得相应算法的实验测试可以在该系统上运行。

后记：总结和展望

# 一、总结

智能化、个性化的推荐技术已应用于各个领域，成为帮助人们决策、避免信息过载、指导人们行为、促进商品销售的必用技术。活动推荐领域自然也不能避免。信息管理系统和流程管理系统之间互相融合，信息管理的同时需要流程，流程管理中更离不开相应的非流程信息。传统的强流程研究已很成熟，与此对应的弱流程应用领域则需要推荐技术在业务流程执行中给予用户建议和指导。社交媒体、学会会刊上讨论人工智能的文章已经非常多，当当、京东上人工智能类书籍的销量并不算少。当人们对人工智能的兴趣激发起来后，必将激起对推荐技术的广泛而深入的研究。相信推荐技术必将得到更加广泛和深入的应用，技术也必将进步和发展。

与之前的仅仅考虑实例间子活动序列匹配方法不同，本书提出的基于用户类别近邻的活动推荐算法——UTNBARec考虑了用户类别信息。业务流程的最终用户总会属于一个特定用户类别，同类别的用户在流程执行上具有极大的相似性。这样通过用户类别近邻的计算能降低相似实例的查找时间，同时也能提高活动推荐的准确性。

我们将推荐系统研究领域的相关推荐思想、推荐技术引入活动推荐，提出了基于Pearson相关系数的活动推荐算法——*flowRec*和

*flowRecK*、基于协同过滤的活动推荐算法——CFBARec。算法 *flowRec* 和 *flowRecK* 将推荐系统中 Pearson 相似性度量引入实例相似性的计算，它首先将实例库中以名称序列形式表示的实例转化成数值形式，然后采用 Pearson 相关系数作为实例相似度的计算方法。该算法将实例库转化成的矩阵虽然是数值的形式，但是与推荐系统中的 User-Item 矩阵还是有区别的，它的行对应一个工作流实例，而不是一个用户。算法 CFBARec 考虑了用户信息，首先利用实例库信息构造出用户对实例的评分矩阵，然后采用协同过滤技术中基于用户近邻的方法对矩阵中的缺失值进行填充，最后利用填充后的矩阵向当前不完整实例进行下一项可能执行活动的推荐。协同过滤方法只是算法 CFBARec 的一个中间步骤。

上述 3 种算法的一个共同特征是：利用系统之前积累下来的执行实例的信息，采用一项定的相似性计算方法从实例库中筛选出与当前不完整实例相似性高的那些完整实例，以这些完整实例为基础向当前不完整实例推荐其下一项可能执行的活动。我们设计了相应的实验，对比了其他推荐方法的推荐效果。实验结果表明：当不完整实例的长度小于 23 时，算法 UTNBARec 的推荐效果明显好于方法 PTM 和 CM；大部分情况下算法 *flowRecK* 的推荐效果好于算法 *FlowRecommender*，且在推荐效果不如 *FlowRecommender* 的地方，其 hit ratio 仅仅低一点，不超过 0.04；算法 CFBARec 除了运行时间较长外，整体是可行的。

最后，为给本书的活动推荐算法提供一个可视化平台，我们设计了一种用来表示业务流程信息的 XML 格式，并提出了相应的可视化算法。实现的原型系统及其上运行的一个例子表明：XML 描述格式及可视化算法是可行的。

# 二、展望

当然，本书介绍的算法也有不足的地方，算法的某些细节需进一步改进。例如，设计当完整实例较短时更好的相似度计算方法、提高当不完整实例与完整实例都含有较多重复子序列时的推荐效果等。这些是在研究过程中发现的问题，研究前并未想到，解决上述不足需改进当前的推荐算法，将上述情况考虑进来。具体来说，为改进算法，未来的工作应包括如下内容。

（1）实例中增加更多的额外信息，例如，活动开始时间、活动结束时间、资源约束等，为算法部署到真实的系统上打好基础。

（2）为解决算法 5.4 的运算时间过长的问题，未来我们将替换其中的基于用户近邻的协同过滤算法为基于模型的协同过滤算法，采用隐式因子模型将原始评分矩阵转化到一个低维空间中。可能使用矩阵分解技术，但这样做会损失一定的活动推荐准确度。

（3）本书介绍的算法推荐时主要基于控制流信息，并未将每个活动名称的语义信息考虑在内。未来我们会扩展活动推荐算法，用自然语言处理方面的技术将活动名称的语义信息考虑进来，与控制流信息结合在一起推荐，以提高活动推荐的效果。

（4）算法 3.1 以活动出现的频率为基准，从一个序列集合中选出一个代表性的序列，这样虽能降低时间复杂度，却丢失了活动的顺序信息。为此，未来我们使用机器学习里的频繁模式挖掘方法来实现该算法，从而将活动间的顺序信息考虑进来。

（5）本书评估推荐效果的方法为离线实验，此方法有一定的缺陷，未来考虑在一个原型系统上使用在线实验的方法进行效果评估。

# 参考文献

[1] 劳顿, 劳顿. 管理信息系统（原书第11版）[M]. 薛华成, 编译. 北京: 机械工业出版社, 2011.

[2] XU L. Enterprise systems: State-of-the-art and future trends [J]. IEEE Transactions on industrial informatics, 2011, 7(4):630-640.

[3] XU L, Wang C, Bi Z, et al. Autoassem: An automated assembly planning system for complex products [J]. IEEE Transactions on industrial informatics, 2012, 8(3):669-678.

[4] ROBEY D, ROSS J W, BOUDREAU M. Learning to implement enterprise systems: An exploratory study of the dialectics of change [J]. Journal of management information systems, 2002, 19(1):17-46.

[5] LI L, GE R, ZHOU S, et al. Guest editorial integrated healthcare information systems [J]. IEEE Transactions on information technology in biomedicine, 2012, 16(4):515-517.

[6] CHINOSI M. Representing business processes: conceptual model and design methodology [D]. Fisica: Università degli Studi dell'Insubria, 2009.

[7] MA J, WANG K, XU L. Modelling and analysis of workflow for lean supply chains [J]. Enterprise information systems, 2011, 5(4):423-447.

[8] 袁崇义, 黄雨, 赵文, 等. 工作流研究——从WF-net到同步网 [J]. 中国计算机学会通讯, 2009, 5(10):16-20.

[9] 范玉顺, 吴澄. 工作流管理技术研究与产品现状及发展趋势 [J]. 计算机集成制造系统, 2000, 6(1):1-7.

[10] ALLEN R. Workflow: An introduction [M] //FISCHER L. Workflow handbook 2001: Published in collaboration with the workflow management coalition. Florida: Future Strategies, 2000: 15-37.

[11] AALST W, HEE K. 工作流管理: 模型、方法和系统 [M]. 王建民等, 译. 北京: 清华大学出版社, 2004.

[12] DUMAS M, AALST W M P, HOFSTEDE A H M. Process-aware information systems: Bridging people and software through process technology [M]. New Jersey: John Wiley & Sons, Inc., 2005.

[13] MÜLLER D, HERBST J, HAMMORI M, et al. IT support for release management processes in the automotive industry [M] //DUSTDAR S, FIADEIRO J, SHETH A. Business process management. Berlin, Heidelberg: Springer, 2006: 368-377.

[14] GORDIJN J, AKKERMANS J. Value-based requirements engineering: Exploring innovative E-commerce ideas [J]. Requirements engineering, 2003, 8(2):114-134.

[15] LENZ R, REICHERT M. IT support for healthcare processes— premises, challenges, perspectives [J]. Data & knowledge engineering, 2007, 61(1):39-58.

[16] COMBI C, GAMBINI M, MIGLIORINI S, et al. Representing business processes through a temporal data-centric workflow modeling language: An application to the management of clinical pathways [J]. IEEE Transactions on systems, man, and cybernetics: Systems, 2014, 44(9):1182-1203.

[17] VERGINADIS G, GOUSCOS D, MENTZAS G. Modeling E-government service workflows through recurring patterns [M] // TRAUNMÜLLER R. Electronic Government. Berlin, Hei-delberg: Springer, 2004: 483-488.

[18] MUEHLEN M. Workflow-based Process Controlling: Foundation, design, and application of workflow-driven process information systems [M]. Berlin: Logos, 2004.

[19] REIJERS H, VANDERFEESTEN I, AALST W. The effectiveness of workflow management systems: A longitudinal study [J]. International journal of information management, 2016, 36(1):126-141.

[20] AALST W M P. Process mining: Discovery, conformance and enhancement of business processes [M]. Berlin, Heidelberg, New

York: Springer Publishing Company, Inc., 2011.

[21] BROCKE J, ROSEMANN M. Handbook on business process management 1 [M]. Berlin, Heidelberg: Springer, 2010.

[22] WESKE M. Business process management: Concepts, languages, architectures, 2 ed [M]. Berlin, Heidelberg: Springer, 2012.

[23] DONGEN B F, AALST W. A meta model for process mining data [C]// CASTRO J, TENIENTE E. Proceedings of the CAiSE' 05 workshops (EMOI-INTEROP Workshop). Porto: FEUP Edições, 2005: 309-320.

[24] 郑云翔. 基于状态的业务流程描述模型及其应用研究[D]. 广州: 中山大学, 2007.

[25] HAGEN C, ALONSO G. Exception handling in workflow management systems [J]. IEEE Transactions on software engineering, 2000, 26(10):943-958.

[26] WESKE M. Formal foundation and conceptual design of dynamic adaptations in a workflow management system [C]//Proceedings of the 34th Annual Hawaii International Conference on System Sciences. Washington: IEEE Computer Society, 2001.

[27] MINOR M, TARTAKOVSKI A, SCHMALEN D. Agile workflow technology and case-based change reuse for long-term processes [J]. International journal of intelligent information technologies, 2008, 4(1):80-98.

[28] WEBER B, REICHERT M, RINDERLE-MA S, et al. Providing integrated life cycle support in process- aware information systems [J]. International journal of cooperative information systems, 2009, 18(01):115-165.

[29] RINDERLE S, WEBER B, REICHERT M, et al. Integrating process learning and process evolution-a semantics based approach [C] // AALST W M P, BENATALLAH B, CASATI F, et al. Proceedings of 3rd International Conference on Business Process Management. Berlin, Heidelberg: Springer, 2005: 252-267.

[30] MUTSCHLER B, REICHERT M, BUMILLER J. Unleashing the

effectiveness of process-oriented information systems: Problem analysis, critical success factors, and implications [J]. IEEE Transactions on systems, man, and cybernetics, part C: Applications and reviews, 2008, 38(3):280-291.

[31] AGGARWAL C C. Recommender systems: The textbook [M]. Switzerland: Springer, 2016.

[32] JANNACH D, ZANKER M, FELFERNIG A, et al. Recommender systems: An introduction [M]. New York: Cambridge University Press, 2010.

[33] BURKE R, FELFERNIG A, GOKER M H. Recommender systems: An overview [J]. AI magazine, 2011, 32(3):13-18.

[34] MARTIN F J, DONALDSON J, ASHENFELTER A, et al. The big promise of recommender systems [J]. AI magazine, 2011, 32(3):19-27.

[35] 项亮. 推荐系统实践 [M]. 北京: 人民邮电出版社, 2012.

[36] MAO K, SHOU L, FAN J, et al. Competence-based song recommendation: Matching songs to one's singing skill [J]. IEEE Transactions on multimedia, 2015, 17(3):396-408.

[37] AZARIA A, HASSIDIM A, KRAUS S, et al. Movie recommender system for profit maximization [C]//YANG Q, KING I, LI Q, et al. Proceedings of the 7th ACM Conference on Recommender Systems. New York: ACM, 2013: 121-128.

[38] MOONEY R J, ROY L. Content-based book recommending using learning for text categorization [C]//FURUTA R, ANDERSON K M, HICKS D L, et al. Proceedings of the 5th ACM Conference on Digital Libraries. New York: ACM, 2000: 195-204.

[39] 黄震华. 云环境下top-n推荐算法 [J]. 电子学报, 2015, 43(1):54-61.

[40] 黄震华, 张波, 方强, 等. 一种社交网络群组间信息推荐的有效方法 [J]. 电子学报, 2015, 43(6):1090-1093.

[41] MOBASHER B, CLELAND-HUANG J. Recommender systems in requirements engineering [J]. AI magazine, 2011, 32(3):81-89.

[42] CASTRO-HERRERA C, DUAN C, CLELAND-HUANG J, et al. A recommender system for requirements elicitation in large-scale software projects [C]//SHIN S Y, OSSOWSKI S. Proceedings of the 2009 ACM Symposium on Applied Computing. New York: ACM, 2009. 1419-1426.

[43] CASTRO-HERRERA C, CLELAND-HUANG J, MOBASHER B. Enhancing stakeholder profiles to improve recommendations in online requirements elicitation [C]//Proceedings of the 17th IEEE International Requirements Engineering Conference. IEEE Computer Society, 2009: 37-46.

[44] ZHANG C, YANG J, ZHANG Y, et al. Automatic parameter recommendation for practical api usage [C]//BERTOLINOA. Proceedings of the 34th International Conference on Software Engineering. Piscataway: IEEE Press, 2012: 826-836.

[45] MCMILLAN C, HARIRI N, POSHYVANYK D, et al. Recommending source code for use in rapid software prototypes [C]// BERTOLINOA. Proceedings of the 34th International Conference on Software Engineering. Piscataway: IEEE Press, 2012: 848-858.

[46] SAWADSKY N, MURPHY G C, JIRESAL R. Reverb: Recommending code-related web pages [C]//NOTKIN D. Proceedings of the 2013 International Conference on Software Engineering. Piscataway: IEEE Press, 2013: 812-821.

[47] BARBOSA E A. Improving exception handling with recommendations [C]//Companion Proceedings of the 36th International Conference on Software Engineering. New York: ACM, 2014. 666-669.

[48] ROBILLARD M, WALKER R, ZIMMERMANN T. Recommendation systems for software engineering [J]. IEEE Software, 2010, 27(4):80-86.

[49] PONZANELLI L. Holistic recommender systems for software engineering [C]//Companion Proceedings of the 36th International Conference on Software Engineering. New York: ACM, 2014: 686-

689.

[50] ZHANG J, LIU Q, XU K. Flowrecommender: A workflow recommendation technique for process provenance [C]//KENNEDY P J, ONG KOK-LEONG. Proceedings of the 8th Australasian Data Mining Conference. Melbourne: Australian Computer Society, 2009: 55-61.

[51] LI Y, CAO B, XU L, et al. An efficient recommendation method for improving business process modeling [J]. IEEE Transactions on industrial informatics, 2014, 10(1):502-513.

[52] KOSCHMIDER A, HORNUNG T, OBERWEIS A. Recommendation-based editor for business process modeling [J]. Data & knowledge engineering, 2011, 70(6):483-503.

[53] 曹斌, 尹建伟, 邓永光, 等. 一种基于近距离最大子图优先的业务流程推荐技术[J]. 计算机学报, 2013, 36(2):263-274.

[54] YAN X, HAN J. Gspan: Graph-based substructure pattern mining [C]//Proceedings of 2002 IEEE International Conference on Data Mining. Washington: IEEE Computer Society, 2002: 721-724.

[55] MANIKRAO U S, PRABHAKAR T V. Dynamic selection of web services with recommendation system [C]//Proceedings of the International Conference on Next Generation Web Services Practices Washington: IEEE Computer Society, 2005: 22-26.

[56] SARWAR B, KARYPIS G, KONSTAN J, et al. Item-based collaborative filtering recommendation algorithms [C]//SHEN V Y, SAITO N, LYU M R, et al. Proceedings of the 10th International Conference on World Wide Web. New York: ACM, 2001: 285-295.

[57] MILANOVIC N, MALEK M. Current solutions for web service composition [J]. IEEE Internet computing, 2004, 8(6):51-59.

[58] ALTINTAS I, LUDAESCHER B, KLASKY S, et al. Introduction to scientific workflow management and the kepler system [C]// HORNER-MILLER B. Proceedings of the 2006 ACM/IEEE Conference on Supercomputing. New York: ACM, 2006.

[59] BARKER A, HEMERT J. Scientific workflow: A survey and research directions [C]//BARKER A, HEMERT J. Proceedings of the 7th International Conference on Parallel Processing and Applied Mathematics. Berlin, Heidelberg: Springer, 2007: 746-753.

[60] CURCIN V, GHANEM M. Scientific workflow systems -- can one size fit all? [C]//Proceedings of the Cairo International Biomedical Engineering Conference. Piscataway: IEEE 2008: 1-9.

[61] KOOP D, SCHEIDEGGER C E, CALLAHAN S P, et al. Viscomplete: Automating suggestions for visualization pipelines [J]. IEEE Transactions on visualization and computer graphics, 2008, 14(6):1691-1698.

[62] SCHONENBERG H, WEBER B, DONGEN B, et al. Supporting flexible processes through recommendations based on history [C]// DUMAS M, REICHERT M, SHAN M C. Business process management. Berlin, Heidelberg: Springer, 2008: 51-66.

[63] RUSSELL N, AALST W M P, HOFSTEDE A H M, et al. On the suitability of uml 2.0 activity diagrams for business process modelling [C]//STUMPTNER M, HARTMANN S, KIYOKI Y. Proceedings of the 3rd Asia-Pacific Conference on Conceptual modelling - Volume 53. Darlinghurst: Australian Computer Society, 2006: 95-104.

[64] FERNÁNDEZ H, PALACIOS-GONZÁLEZ E, GARCÍA-DÍAZ V, et al. SBPMN-an easier business process modeling notation for business users [J]. Computer standards & interfaces, 2010, 32(1-2):18-28.

[65] WHITE S. Process modeling notations and workflow patterns [M]// FISCHER L. Workflow handbook 2004. Florida: Future Strategies Inc., 2004: 115-126.

[66] SCHEER A W, THOMAS O, ADAM O. Process modeling using event-driven process chains [M]//DUMAS M, AALST W M, HOFSTEDE A H. Process-aware information systems: Bridging people and software through process technology. New York: John

Wiley & Sons, Inc., 2005: 119-145.

[67] XIONG P, FAN Y, ZHOU M. A petri net approach to analysis and composition of web services [J]. IEEE Transactions on systems, man, and cybernetics, part A: Systems and humans, 2010, 40(2):376-387.

[68] LI Z, HU H, WANG A. Design of liveness-enforcing supervisors for flexible manufacturing systems using petri nets [J]. IEEE Transactions on systems, man, and cybernetics, part C: Applications and reviews, 2007, 37(4):517-526.

[69] SENKUL P, KIFER M, TOROSLU I H. A logical framework for scheduling workflows under resource allocation constraints [C]// Proceedings of the 28th International Conference on Very Large Data Bases. Hong Kong: VLDB Endowment, 2002: 694-705.

[70] AALST W, HOFSTEDE A. YAWL: Yet another workflow language [J]. Information systems, 2005, 30(4):245-275.

[71] WHITE S, MIERS D. BPMN modeling and reference guide: Understanding and using BPMN [M]. Lighthouse Point: Future Strategies Inc., 2008.

[72] CHINOSI M, TROMBETTA A. BPMN: An introduction to the standard [J]. Computer standards & interfaces, 2012, 34(1):124-134.

[73] SALATINO M. jBPM developer guide [M]. Birmingham: Packt Publishing, 2010.

[74] AALST W, HOFSTEDE A. Workflow patterns put into context [J]. Software & system modeling, 2012, 11(3):319-323.

[75] AALST W, HEE K, HOFSTEDE A, et al. Soundness of workflow nets: Classification, decidability, and analysis [J]. Formal aspects of computing, 2011, 23(3):333-363.

[76] FANG Z, YUE K, ZHANG J, et al. Predicting click-through rates of new advertisements based on the bayesian network [J]. Mathematical problems in engineering, 2014, 2014:1-9.

[77] KIEPUSZEWSKI B, HOFSTEDE A, AALST W. Fundamentals of control flow in workflows [J]. Acta informatica, 2003, 39(3):143-209.

[78] AGGARWAL C C, HAN J. Frequent pattern mining [M]. Heidelberg, New York: Springer International Publishing, 2014.

[79] LIN D. An information-theoretic definition of similarity [C]// SHAVLIK J W. Proceedings of the 15th International Conference on Machine Learning. San Francisco: Morgan Kaufmann Publishers Inc., 1998: 296-304.

[80] KARYPIS G. Evaluation of item-based top-N recommendation algorithms [C]//PAQUE H, LIU L, GROSSMAN D. Proceedings of the 10th International Conference on Information and Knowledge Management. New York: ACM, 2001: 247-254.

[81] MCLAUGHLIN M R, HERLOCKER J L. A collaborative filtering algorithm and evaluation metric that accurately model the user experience [C]//SANDERSON M, JARVELIN J, BRUZA P. Proceedings of the 27th Annual International ACM SIGIR Conference on Research and Development in Information Retrieval. Sheffield: ACM Press, 2004: 329-336.

[82] ZIEGLER C N, MCNEE S M, KONSTAN J A, et al. Improving recommendation lists through topic diversification [C]//ELLIS A, HAGINO T. Proceedings of the 14th International Conference on World Wide Web. New York: ACM, 2005: 22-32.

[83] VERSTREPEN K, GOETHALS B. Unifying nearest neighbors collaborative filtering [C]//KOBSA A, ZHOU M. Proceedings of the 8th ACM Conference on Recommender Systems. New York: ACM, 2014: 177-184.

[84] HAN W S, LEE J, PHAM M D, et al. iGraph: A framework for comparisons of disk-based graph indexing techniques [J]. PVLDB, 2010, 3(1):449-459.

[85] 印桂生, 张亚楠, 董宇欣, 等. 基于受限信任关系和概率分解矩阵的推荐 [J]. 电子学报, 2014, 42(5):904-911.

[86] XU J, YAO Y, TONG H, et al. Ice-breaking: Mitigating cold-start recommendation problem by rating comparison [C]//YANG Q,

WOOLDRIDGE M. Proceedings of the 24th International Conference on Artificial Intelligence. Palo Alto: AAAI Press, 2015: 3981-3987.

[87] DUMITRU H, GIBIEC M, HARIRI N, et al. On-demand feature recommendations derived from mining public product descriptions [C]//TAYLOR H. Proceedings of the 33rd International Conference on Software Engineering. New York: ACM, 2011: 181-190.

[88] KOREN Y, BELL R, VOLINSKY C. Matrix factorization techniques for recommender systems [J]. Computer, 2009, 42(8):30-37.

[89] SALAKHUTDINOV R, MNIH A. Probabilistic matrix factorization [M]//PLATT J C, KOLLER D, SINGER Y, et al., (eds.). Advances in neural information processing systems 20. New York: Curran Associates Inc., 2008: 1257-1264.

[90] KIM D, YUM B J. Collaborative filtering based on iterative principal component analysis[J]. Expert systems with applications, 2005, 28(4):823-830.

[91] GOLDBERG K, ROEDER T, GUPTA D, et al. Eigentaste: A constant time collaborative filtering algorithm [J]. Information retrieval, 2001, 4(2):133-151.

[92] HERLOCKER J, KONSTAN J A, RIEDL J. An empirical analysis of design choices in neighborhood- based collaborative filtering algorithms [J]. Information retrieval, 2002, 5(4):287-310.

[93] MEHRA A, GRUNDY J, HOSKING J. A generic approach to supporting diagram differencing and merging for collaborative design [C]//REDMILES D. Proceedings of the 20th IEEE/ACM International Conference on Automated Software Engineering. New York: ACM, 2009: 204-213.

[94] FRANCESCHET M, GUBIANI D, MONTANARI A, et al. A graph-theoretic approach to map conceptual designs to xml schemas [J]. ACM Transactions on database systems, 2013, 38(1):6:1-6:44.

[95] 候霞, 孟飞, 杨鸿波. 文档编辑与排版系统的设计 [J]. 计算机工程与设

计, 2012, 33(9):3617-3621.

[96] BENNETT S, FARMER R, MCROBB S. Object-oriented systems analysis and design using UML, 4 ed. [M]. New York: McGraw-Hill Higher Education, 2010.

[97] DINGLE N J, KNOTENBELT W J, SUTO T. PIPE2: A tool for the performance evaluation of generalised stochastic petri nets [J]. ACM SIGMETRICS performance evaluation review (special issue on tools for computer performance modelling and reliability analysis), 2009, 36(4):34-39.

[98] RABBI F, WANG H, MACCAULL W. Yawl2dve: An automated translator for workflow verification [C]//Proceedings of the 4th International Conference on Secure Software Integration and Reliability Improvement. Washington: IEEE Computer Society, 2010: 53-59.

[99] ADAMS M, HOFSTEDE A H M, ROSA M L. Open source software for workflow management: The case of YAWL [J]. IEEE Software, 2011, 28(3):16-19.

[100] 李建勋, 李维乾, 郭莲丽, 等. 企业研发团队复杂网络的可视化与描述 [J]. 计算机系统应用, 2013, 22(11):209-212.

[101] 闫黎, 白晓虎. 基于Web的JGraphx的自动绘制拓扑图的设计和实现 [J]. 机械设计与制造工程, 2013, 42(8):18-22.

[102] SCHILDT H. Java: The complete reference, 9th ed. [M]. New York: McGraw Hill Education, 2014: 859-866.

[103] FAWCETT J, AYERS D, QUIN L R E. Beginning XML, 5th ed. [M]. Birmingham: Wrox Press Ltd., 2012.

[104] DIJKMAN R M, DUMAS M, OUYANG C. Semantics and analysis of business process models in BPMN [J]. Information and software technology, 2008, 50(12):1281-1294.

[105] BEVIS T. Java design pattern essentials [J]. Leigh-on-sea: Ability first limited, 2012: 175-190.

# 附录A  发表论文情况

[1]  陈广智, 何文, 李磊. 采用协同过滤技术进行工作流活动推荐[J]. 电子学报, 2017, 19(06): 166-170.

[2]  陈广智, 卓汉逵, 李磊. 二进制数据流通用翻译框架及实现[J]. 计算机工程与应用, 2015, 51(20): 5-10.

[3]  CHEN G, LI L. A role-based adjacent workflow recommendation technique [C]. //DING J. Processings of the 2015 International Conference on Computer Science and Intelligent Communication. Zheng Zhou: Atlantis Press, 2015.

[4]  陈广智, 李磊. 基于XML的流程信息可视化方法及其实现[J]. 计算机工程与设计, 2015, 36(4): 937-941.

[5]  陈广智, 潘嵘, 李磊. 工作流建模技术综述及其研究趋势[J]. 计算机科学, 2014, 41(6A): 11-17+23.

# 附录B  MXML格式示例

```xml
<?xml version="1.0" encoding="UTF-8" ?>
<!-- MXML version 1.1 -->
<!-- Created by MXMLib, Version 1.9 -->
<!-- This event log is formatted in MXML, for use by BPI
and Process Mining Tools. -->
<!-- You can load this file e.g. in the ProM Framework for
Process Mining. -->
<Data>
    <Attribute name="app.name">MXMLib</Attribute>
    <Attribute name="app.version">1.9</Attribute>
    <Attribute name="java.vendor">Oracle Corporation</Attribute>
    <Attribute name="java.version">1.7.0_45</Attribute>
    <Attribute name="mxml.creator">MXMLib </Attribute>
    <Attribute name="mxml.version">1.1</Attribute>
    <Attribute name="os.arch">x86</Attribute>
    <Attribute name="os.name">Windows 7</Attribute>
    <Attribute name="os.version">6.1</Attribute>
    <Attribute name="user.name">Chgzhi</Attribute>
</Data>
<Source program="ProcessLogGenerator"/>
<Process id="Process 1">
    <ProcessInstance id="instance_455">
        <Data>
            <Attribute name="LogType">MXML.EnactmentLog</Attribute>
        </Data>
        <AuditTrailEntry>
            <WorkflowModelElement>A</WorkflowModelElement>
            <EventType>start</EventType>
            <Timestamp>1970-01-01T08:00:00.000+08:00</Timestamp>
            <Originator>Originator</Originator>
        </AuditTrailEntry>
        <AuditTrailEntry>
            <WorkflowModelElement>A</WorkflowModelElement>
            <EventType>complete</EventType>
```

```
      <Timestamp>1970-01-01T08:00:13.000+08:00</Timestamp>
      <Originator>Originator</Originator>
    </AuditTrailEntry>
    <AuditTrailEntry>
      <WorkflowModelElement>G</WorkflowModelElement>
      <EventType>start</EventType>
      <Timestamp>1970-01-01T08:00:21.000+08:00</Timestamp>
      <Originator>Originator</Originator>
    </AuditTrailEntry>
    <AuditTrailEntry>
      <WorkflowModelElement>C</WorkflowModelElement>
      <EventType>start</EventType>
      <Timestamp>1970-01-01T08:00:21.000+08:00</Timestamp>
      <Originator>Originator</Originator>
    </AuditTrailEntry>
    <AuditTrailEntry>
      <WorkflowModelElement>G</WorkflowModelElement>
      <EventType>complete</EventType>
      <Timestamp>1970-01-01T08:00:21.000+08:00</Timestamp>
      <Originator>Originator</Originator>
    </AuditTrailEntry>
  </Process>
</WorkflowLog>
```

# 附录C 从MXML格式文件中
# 提取活动序列的代码

```python
# coding:utf-8
# FileName: parseMxml.py
# Version: 2.0
# Author: Chen Guang Zhi
# Date: 2016-06-01
# For python2.7 OK
import xml.etree.ElementTree as et
import sys,getopt
##
# Transfer the process log into my format
##
def transferFormat(mxmlfile, csvfile):
  wflog =et.ElementTree(file=mxmlfile)
  instances =wflog.findall('Process/ProcessInstance')
  fout =open(csvfile,'wt')

  for instance in instances:
    fout.write(instance.get("id") +',')
    aentrys =instance.findall('AuditTrailEntry')
    for aentry in aentrys:
      enventType =aentry.find('EventType').text
      if enventType =="start":
        fout.write(aentry.find('WorkflowModelElement').text +',')
    fout.write('\n')
  fout.close()


def main(argv):
  mxmlfile =""
  csvfile =""

  try:
    # here h represent nooption, i: represent need option
```

```
    opts, args =getopt.getopt(argv, "hm:c:", ["mxmlfile=",
"csvfile="])
    except getopt.GetoptError:
      print('Error: parseMxmlV2.py -m <mxmlfile> -c <csvfile>')
      print(' or: parseMxmlV2.py --mxmlfile=<mxmlfile> --csvfile=
<csvfile>') sys.exit(2)
    for opt, arg in opts:
      if opt =="-h":
        print('parseMxmlV2.py -m <mxmlfile> -c <csvfile>')
        print('or: parseMxmlV2.py --mxmlfile=<mxmlfile> --
csvfile=<csvfile>')
          sys.exit()
      elif opt in ("-m", "--mxmlfile"):
        mxmlfile =arg
      elif opt in ("-c", "--csvfile"):
        csvfile =arg
    #do the main business
    transferFormat(mxmlfile, csvfile)

  if __ name__ =="__ main__ ":
    main(sys.argv[1:])
```

167

# 附录D 第6章房屋建造流程信息的XML格式描述

该XML格式文件作为原型系统的输入，可视化的结果如图6-5所示。

```xml
<?xml version="1.0" encoding="UTF-8"?>
<specification uri="HouseConstruction">
   <!--<processControlElements> -->
   <task id="task1">
      <name>Wall install</name>
      <flowsInto>
         <nextElementRef id="and1" />
      </flowsInto>
      <layout locx="20" locy="130" width="70" height="20" />
   </task>
   <task id="and1">
      <name>AndSplit</name>
      <flowsInto>
         <nextElementRef id="task2"/>
         <nextElementRef id="task3"/>
         <nextElementRef id="task9"/>
      </flowsInto>
      <layout locx="100" locy="130" width="50" height="20"/>
   </task>
   <task id="task2">
      <name>Carpentry</name>
      <flowsInto>
         <nextElementRef id="task4"/>
      </flowsInto>
      <layout locx="165" locy="90" width="60" height="20"/>
   </task>
   <task id="task3">
      <name>Install</name>
      <flowsInto>
```

```
            <nextElementRef id="and2"/>
        </flowsInto>
        <layout locx="185" locy="130" width="60" height="20"/>
</task>
<task id="task4">
        <name>Roof</name>
        <flowsInto>
            <nextElementRef id="and2"/>
            </flowsInto>
        <layout locx="245" locy="90" width="40" height="20"/>
</task>
<task id="and2">
        <name>AndSplit</name>
        <flowsInto>
            <nextElementRef id="or1"/>
            <nextElementRef id="task5"/>
            <nextElementRef id="task8" />
        </flowsInto>
        <layout locx="310" locy="130" width="50" height="20"/>
</task>
<task id="or1">
        <name>OR</name>
        <flowsInto>
            <nextElementRef id="task6"/>
            <nextElementRef id="task7"/>
        </flowsInto>
        <layout locx="370" locy="130" width="30" height="20"/>
</task>
<task id="task5">
        <name>Facade-paint</name>
        <flowsInto>
            <nextElementRef id="task10" />
        </flowsInto>
        <layout locx="430" locy="60" width="70" height="20"/>
</task>
<task id="task6">
        <name>Wooden-win</name>
        <flowsInto>
```

```
                <nextElementRef id="task10" />
         </flowsInto>
         <layout locx="430" locy="90" width="70" height="20"/>
      </task>
      <task id="task7">
         <name>Metal-win</name>
         <flowsInto>
             <nextElementRef id="task10" />
         </flowsInto>
         <layout locx="430" locy="170" width="70" height="20"/>
      </task>
      <task id="task8">
         <name>Gardening</name>
         <flowsInto>
             <nextElementRef id="task10" />
         </flowsInto>
         <layout locx="430" locy="200" width="70" height="20"/>
      </task>
      <task id="task9">
         <name>Ceiling</name>
         <flowsInto>
             <nextElementRef id="task10" />
         </flowsInto>
         <layout locx="430" locy="230" width="70" height="20"/>
      </task>
      <task id="task10">
         <name>Paint</name>
         <flowsInto>
             <nextElementRef id="task11" />
         </flowsInto>
         <layout locx="540" locy="130" width="30" height="20"/>
      </task>
      <task id="task11">
             <name>Moving into house</name>
             <layout locx="590" locy="130" width="90" height="20"/>
      </task>
      <!--</processControlElements> -->
   </specification>
```

# 致　谢

感谢梁师兄，他建议我使用 LaTeX 书写一些复杂的数学符号，从此我进入了 LaTeX 的大门，成为了一个真真正正的 LaTeX 迷，撰写本书使用的正是 LaTeX。感谢韩师兄为我提供 CTeX 安装程序，这在我初学 LaTeX 的时候是非常重要的。